西安石油大学优秀学术著作出版基金资助

致密气藏沉积特征与储层预测

肖　玲　魏钦廉　田景春　著

图书在版编目(CIP)数据

致密气藏沉积特征与储层预测／肖玲，魏钦廉，田景春著.—北京：中国石化出版社，2020.11

ISBN 978-7-5114-6000-4

Ⅰ.①致… Ⅱ.①肖… ②魏… ③田… Ⅲ.①致密砂岩-砂岩油气藏-砂岩储集层-沉积相-研究 Ⅳ.①P618.130.2

中国版本图书馆CIP数据核字(2020)第215957号

中国石化出版社出版发行

地址：北京市东城区安定门外大街58号

邮编：100011　电话：(010)57512500

发行部电话：(010)57512575

http://www.sinopec-press.com

E-mail：press@sinopec.com

北京富泰印刷有限责任公司印刷

全国各地新华书店经销

*

710×1000毫米16开本7.25　印张172千字

2021年1月第1版　2021年1月第1次印刷

定价：68.00元

前　言

目前，致密砂岩气藏（以下简称“致密气”）已成为全球非常规天然气勘探开发的重要领域之一，特别是美国致密气资源的大规模开发利用，不仅助推了美国天然气产量快速回升，也带动了全球致密气快速发展。我国天然气工业刚刚进入快速发展期就出现了供不应求的局面，2018年，天然气对外依存度已突破45%。而我国独特的地质条件决定了致密气等非常规天然气资源较常规天然气更丰富，发展潜力更大。新形势下，加快开发利用致密气等非常规天然气资源对我国天然气工业的发展具有重大战略意义。

近年来，我国在鄂尔多斯盆地上古生界、四川盆地须家河组、塔里木盆地库车深层发现了一批大型致密气田，在吐哈盆地、松辽盆地、渤海湾盆地等发现了一批产量较高的致密气井，展现出良好的发展前景。

四川盆地南部须家河组砂岩是我国重要的天然气储层和产层，同时也是典型的致密砂岩储层，在其超致密背景下发育有对天然气储集有利的相对优质储层。川南上三叠统须家河组碎屑岩储层是我国油气勘探的一个重要层系，由于其埋藏较深，成岩作用较强，储层多为低孔低渗的致密储层，勘探难度很大，因此，深入研究其储层特征及分布规律具有重要意义。

通过对研究区野外剖面及钻井岩心进行系统、细致的观察，结合录井、测井及区域资料，采用宏观和微观分析相结合的手段，在川南须家河组中识别出了1个沉积相组、2个沉积相及众多亚相、微相类型，并建立了沉积模式。川南须家河组岩石类型以岩屑长石砂岩和长石岩屑砂岩为主，总体物性较差，属于低孔特低渗储层。储层发育粒间孔、粒内溶孔、铸模孔、晶间微孔、粒缘缝和破裂缝6种类型，其孔喉结构较差，孔喉关系以中小孔至细喉组合为主。根据对成岩作用的特点及成岩作用阶段划分标志的综合分析，须家河组目前主要处于中成岩A期，对储层发育具有重要作用的是长石的强烈溶蚀和绿泥石的环边胶结。储层发育主控因素中的沉积作用是基础，成岩作用是关键，构造作用是储层高产的重要条件。在详细分析储层四性特征、孔隙结构特征的基础上，对储层物性下限进行了研究。综合分析认为，川南须家河组储层物性下限孔隙度为5%，并将川南须家河组储层分为4类，川南地区储层以Ⅱ类、Ⅲ类储层为主。在测井资料标准化的基础上，以岩心物性分析资料为依据，建立储层测井解释模型，并进行模型可信度分析，进而对储层平面分布进行了预测。

本书前言由肖玲执笔，第一章由肖玲、田景春执笔，第二~第四章由肖玲执笔，第五章由魏钦廉执笔，第六章由肖玲执笔。全书由肖玲统稿。

本书的出版受到“西安石油大学优秀学术著作出版基金”资助，还得到西安石油大学有关领导、专家的支持与帮助，在此表示真诚的谢意！

在本书的编写过程中，得到了张翔副教授、刘娟高工、米慧慧硕士、彭丽娜硕士的帮助，在此表示衷心的感谢。中国石油蜀南气矿的各位领导和专家等给予了很多帮助和指导，借此机会表示衷心的感谢！

由于作者水平有限，不当之处在所难免，敬请读者批评指正。

目　录

第一章　引　言

随着中国经济的飞速发展，能源需求也急速上升，能源供需的缺口越来越大。自1993年中国成为石油净进口国以来，石油的进口量和对外依存度不断提高。目前，中国已成为世界上继美国之后的第二大石油消费国。能源短缺已经成为制约中国经济发展的瓶颈问题。在严峻的能源安全挑战面前，加快理论研究，促进国内能源的勘探无疑具有重要的战略意义，这为具有重大潜能的四川盆地须家河组煤系地层的油气勘探带来了新的契机。

第一节　油气储层沉积学研究进展

一、储层特征研究现状

国内外的油气勘探已经历了百余年，发现了多种丰富的油气储集层，我国碎屑岩储层的基本特征概括说来具有以下主要特征：

①储层沉积物基本上都属于中新生代时期所接受的陆源碎屑沉积，具有独立的沉积体系及沉积模式，其下伏沉积岩、火成岩或变质岩均可作为它的基岩。②储层在纵向上存在有多层次结构的特点，不同时期形成的储层，其间都不同程度地被不整合、假整合及似整合界面分开。界面上、下的储集层，其分布状况、沉积旋回、沉积特征、孔隙类型、特性好坏、油气赋存等都有明显的差异性。③砂岩储层与泥岩盖层往往交互成层，常有机匹配成良好的生、储、盖组合，或者发育为自生、自储、自盖组合，具有“千层饼”类型，并以层次多、厚度薄、上下叠置为特征。④储集岩相类型主要为内陆湖泊相、河流相并多由水下扇、河道砂等砂岩体所构成，具有物源广、成分杂、分选差、泥质多、低渗透、非均质严重等特点，并受构造运动的影响。⑤储层中主要发育有粒间孔、溶蚀孔、杂基微孔和裂缝等4种基本孔隙类型。黏土矿物含量普遍较高，对储层物性影响很大，再加之胶结、充填、次生加大等次生变化的影响，其结果导致储集岩胶结致密，孔渗降低，孔隙结构变坏，储集性能变差。使之成为低渗透、中小容量储集层。认识这些基本特征，对储层综合评价、石油勘探与开发是至关重要的(顿铁军，1995)。

碎屑岩储集层是我国陆相油气田主要的油气储集层，储集层的孔隙空间分为原生孔隙和次生孔隙两种类型。溶蚀型次生孔隙是我国碎屑岩储集层，特别是中深部碎屑岩储集层的主要储集空间之一。目前多数学者认为，世界上碎屑岩储集层的储集空间至少有一半是次生孔隙组成的，凡次生孔隙发育的储集层，可形成大的油气田。因此，应把次生孔隙列为储层研究的重要内容，次生孔隙发育在纵向上受成岩作用的控制(钱铮等，1994)。

碎屑岩储层的成岩作用是指碎屑沉积物在沉积到变质作用发生之前，这一漫长阶段所发生的各种物理、化学及生物化学变化，而不仅仅指沉积物的石化和固结作用，成岩作用对储层的储集物性有着决定性的影响。也就是说，碎屑岩成岩作用的研究就是研究储层中储集空间的形成和演化(赵澄林等，1998；西北大学地质系编译，1986)。成岩作用的概念最早由冈布尔(Von Gumbel)于 1868 年提出，但早期并未被地质学家广泛接受(刘宝珺，1992)。1894 年，经瓦尔特(Walther)提倡将其应用于沉积学中，从此成岩作用成为沉积学的一个分支学科。成岩作用是影响储层物性最重要的因素之一，是深化碎屑岩储层地质理论、合理解释油气储集空间形成机理和有利孔隙发育带的重要基础，是储层定性和定量评价的依据。在成岩作用过程中，由于温度、压力、流体等因素的综合作用、水-岩反应以及造岩矿物之间的相互转化而影响岩石中次生孔隙的形成和分布。

碎屑岩次生孔隙的研究始于 20 世纪 30 年代，在相当长的时间内，人们往往把次生孔隙解释为地层出露地表受大气淡水淋滤溶蚀的结果，而没有认识到地下深部次生孔隙发育的机制及其对油气聚集的意义。自 20 世纪 70 年代以来，砂岩成岩作用的研究最重大的突破是，在砂岩中发现有大量成岩过程形成的次生孔隙，并建立了一整套有关砂岩次生孔隙的识别标志(杨晓宁等，2004)。1979 年，Volkmar 等首次系统地阐述了砂岩次生孔隙地成因类型、识别标志以及地下分布，认识到砂岩次生孔隙发育的普遍性和对油气聚集的重要性(沃尔特·施密特，1982)；新的技术和实验方法不断应用于成岩作用研究中，成岩作用的研究由此进入了一个快速发展的阶段。80 年代以来，碎屑储集岩成岩作用在单纯的理论和应用研究两方面都取得了突破性进展，其中最重要的研究集中于次生孔隙产生的机理(Bjorlykke K，1984；Bloch S，1994)。随着油气勘探开发和研究的深入，人们发现碎屑岩油气储层中次生孔隙的发育是较普遍存在的。1983 年，Boles 研究了美国加利福尼亚州南部和得克萨斯州中新世盆地，认为斜长石是形成次生孔隙的重要产物，斜长石沿解理面比垂直解理面的溶解快 2~3 倍，溶解后析出高岭石和形成石英次生加大(黄思静，2001)。1985 年，朱国华研究了陕甘宁盆地三叠系砂岩储层，认为砂体中各种长石和浊沸石胶结物的溶蚀十分强烈，有些砂岩中的孔隙几乎全是硅酸盐岩岩屑溶孔；塔里木盆地和吐哈盆地三叠系、侏罗系，准噶尔盆地侏罗系以及渤海湾盆地的下第三系、松辽盆地白垩系砂岩储层中的硅酸盐的溶蚀也比较强烈(朱国华，1985)。砂岩中次生孔隙的普遍存在为寻找深部油气藏提供了依据，进而扩大了油气勘探的领域。世界上有不少地区已在地下5km左右发现相对高孔渗砂体和油藏；我国东部地区在地下3~4km深度发现了较高孔渗性油气储层；塔里木盆地东河砂岩在5~6km深度仍存在优质储层；准噶尔盆地侏罗系三工河组在大于4km深度也存在相对优质储层。很多学者和研究机构正在研究预测盆地中砂体孔隙演化和分布的模型，用以预测地下孔隙度窗口和有利孔隙带的分布(寿建峰，1998)。

因此，有关成岩作用的研究已被列为沉积学和储层地质学的一个极为重要的方向；成岩作用研究的目的在很大程度上是为次生孔隙的评价与预测服务的(邱隆伟，2006)。最近10年的研究则主要涉及孔隙保存的成岩作用机制(Bloch S.，2002)、成岩作用的定量化研究以及可预测的动力学模式的建立等(Worden R H.，2003)。我国碎屑储集岩成岩作用研究基本与国际同步，主要集中于矿物-岩石学方面进行成岩现象、成岩事件、成岩序列及成岩阶段划分等方面的研究，并依据我国陆相碎屑岩储集层发育的特点建立了不同背景下储层成岩和孔隙演化模式(裘怿楠等，1997；应凤祥等，2004)。但在基础研究领域的进展并不明显，特别是在流体活动对碎屑岩成岩作用及其系统演化的控制尚未得到充分认识。

二、低渗透储层研究现状

低孔低渗储层一般是指孔隙度和渗透率较常规储层低得多的储层，国外俗称致密气藏(渗透率$<0.1\times10^{-3}\mu m^2$)。储层渗透性能的好坏是一个相对概念，目前尚没有形成国际标准，具体的按国家和地区的资源状况、技术经济条件而划分确定。国内通常按照石油与天然气行业标准进行划分(见表1-1)。

表1-1　中国石油与天然气行业标准及美国联邦能源管理委员会标准

渗透率/($10^{-3}\mu m^2$)	SY/T 6285—1997	SY/T 6168—1995	美国FRAC	
高渗	$K\geq500$	$K_e\geq50$	一般	$K_e\geq1$
中渗	$10\leq K<500$	$10\leq K_e<50$	近致密层	$0.1\leq K_e<1$
低渗	$0.1\leq K<10$	$0.1\leq K_e<10$	致密层	$0.005\leq K_e<0.1$
特低渗	$K<0.1$	$K_e<0.1$	很致密层	$0.001\leq K_e<0.005$
			超致密层	$K_e<0.001$

注：K为地面渗透率；K_e为原始地层渗透率。

我国低渗透储层在油气勘探中具有十分重要的地位，占全国探明储量中的50%以上，提高低渗透储层的勘探对我国石油工业的持续稳定发展具有重要的战略意义。

低渗透储量广泛分布在我国21个油区内。按照低渗透储量占油区储量百分数排列，延长和四川全部是低渗透储量；其次是吐哈、长庆、吉林、玉门、二连，占油区储量的50%以上。在我国陆上低渗透探明储量中，新疆、胜利、大庆、吉林、辽河、大港、长庆所占比例较大，分别为14.8%、14.8%、13.4%、9.7%、8.4%、5.9%、5.5%，合计72.5%(袁旭军、叶晓端、鲍为等，2006)。随着勘探技术与勘探程度的不断提高，预计低渗透储层储量在天然气储量中的比例将进一步增加，其勘探开发工作将受到更大的重视(见图1-1)。

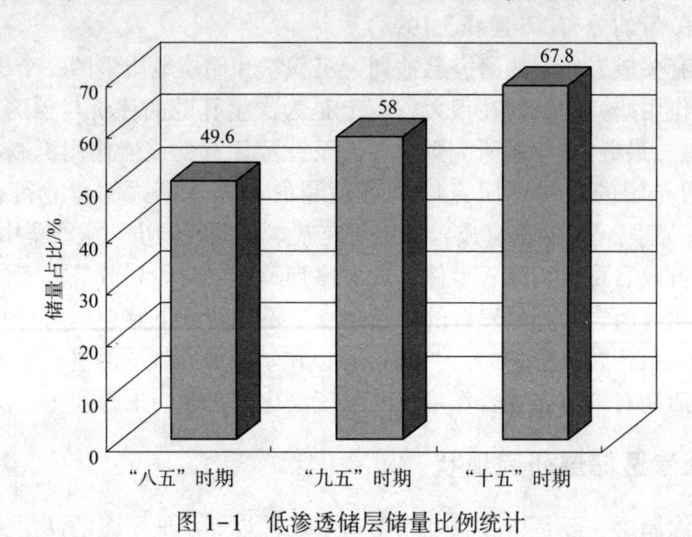

图1-1　低渗透储层储量比例统计

低渗透储层在古生代至上第三纪的地层中均有分布。分布最多的是下第三纪，其余依次为白垩纪、古生代、三叠纪、侏罗纪，上第三纪分布最少。低渗透储层以中深埋藏深度为主，埋深1000~3200m的低渗透储层占86.5%。低渗透油藏以大中型油藏为主，岩性以砂岩为主，其次是砂砾岩、变质岩和灰岩。低渗透储层原油性质比较好，原油地下黏度一般小于10mPa·s。

通过对鄂尔多斯盆地、塔里木盆地、松辽盆地、准噶尔盆地及四川盆地低渗透储层研究，可以总结出我国碎屑岩低渗透气藏储层总体特征如下：

(1) 气藏埋深多数超过2000m，探明储量主要集中在中生界和古生界的储层中；

(2) 我国低渗透储层多与煤系地层发育有关；

(3) 气藏圈闭类型以构造-岩性复合圈闭为主；

(4) 溶蚀孔是低渗透储层的主要孔隙类型，中小孔隙和中细喉道组合连接的孔隙网络是低渗透储层的主要类型，气藏孔隙结构复杂，毛管压力大，含水饱和度高；

(5) 气藏储层沉积以河流相和三角洲相沉积为主，气藏成岩作用强烈，储层非均质性强，砂体侧向连续性差；

(6) 沉积作用、成岩作用和构造作用是低渗透储层形成的主要控制因素，不同成因类型的储层其影响程度不同——原生低渗透储层主要受沉积作用的影响，次生低渗透储层主要受成岩作用的影响，裂缝型低渗透储层主要受构造作用的影响。

对于低渗透储层油气藏，在地质研究上，储层评价工作当成重点，不断深化对储层的认识，不断进行储量评价研究。根据储层低孔、低渗、低产、油藏控制因素以岩性为主的特点，从沉积微相、构造、地应力及天然裂缝、岩矿、成岩作用、孔隙结构、物性及非均质、敏感性试验、渗流特征、流体性质、地层能量、产能分析等方面进行储层综合评价，为油田高效开发奠定基础。在采油工程上，大力推广丛式钻井技术和水平井钻井技术，压裂改造贯穿始终；坚持早期注水，或注采同步。油田全面投入注水开发后，运用理论研究、室内实验、数值模拟与现场测试、生产动态相结合的手段，进行精细的油藏描述，以摸索出合理提高单井产能、提高水驱效率的对策。

三、储层测井评价研究现状

测井学是应用地球物理学的一个重要分支学科，它是用多种专门的仪器放入井内，沿井身测量钻井地质剖面上地层的各种物理参数，研究地下岩石物理性质与渗流特性，寻找和评价油气及其他矿藏资源的一门技术。法国马科尔·斯伦贝谢和科纳德·斯伦贝谢兄弟发明了世界上第一支电阻率测井，并于 1927 年 9 月在法国进行首次测井工作。1939 年 12 月 20 日，我国勘探专家翁文波首次在四川石油沟一号测出一条电阻率、一条自然电位曲线，并划分出气层位置。几十年来，测井技术得到快速发展，正朝着测井方法系列化、井下仪器组合化、信息采集和传输自动化、测井记录数字化方向发展，已成为石油行业一大重要学科。

测井资料在油气勘探开发中有着十分广泛的作用，主要体现在以下地层评价、油藏静态描述与综合地质研究、油井检测与油藏动态描述以及钻井采油工程等几个方面，其中地层评价是它最基本的应用。确定测井信息与地质信息之间的关系，采用正确的方法把测井信息加工转换成地质信息，建立适当的解释模型来完成对油(气)层进行评价，是测井数字处理与综合解释的核心，主要内容包括以下两个方面：①确定储集层产出流体的性质；②评价油气层的质量即产层的储渗性能及生产能力。在油(气)层评价方面，尽管测井在过去和现在均起着巨大作用，但目前测井解释的油气评价能力仍有限，面临着巨大的挑战。例如，在低孔低渗透、低电阻率、低含油饱和度、富含泥质和特殊矿物的砂岩、复杂岩性地层与裂缝性储集层等地层的油气评价中，仍然存在着不少解释不准，严重影响这些地区油气勘探的效率与成功率。因此，测井分析家当前面临的最重要任务是结合理论与实践，进行更为深入研究，为建立更有效的油气层评价解释技术而不断努力。

当前，测井解释学正在两个方面形成技术突破。在微观方面，以油(气)层评价为目标，精细研究与描述储集体内部地质特性。在宏观方面，以油气藏综合评价为目标，立足于地学工作平台，着眼于提高对油气藏的三维描述能力，重现储集体的时空分布原貌与直接模拟。

四、储层控制因素研究现状

优质储层这一概念由来已久(朱国华，1992)，但大家没有给出明确的定义。优质储层是个相对的概念，它并无孔隙度和渗透率的绝对指标，在一个普遍低孔低渗的背景下，如果有相对高的孔隙度及渗透率指标的储层就是优质储层。优质储层的控制因素主要包括以下几个方面。

(一) 沉积环境

沉积环境决定了盆地沉积物的原始性质，包括地下沉积物的原始孔隙率(所谓原生孔隙)和可能的渗透率状况。原始孔隙率的主要构成部分是原始粒间孔隙，它将对岩石的最终孔隙率产生影响。岩石的粒间体积孔隙率可按如下公式(Wilson，1994)计算：

$$\Phi_{IG}=V_{IG}-C_{em}-M_{tx} \tag{1-1}$$

式中，Φ_{IG}为粒间体积孔隙率；V_{IG}为粒间体积；C_{em}为粒间胶结物体积；M_{tx}为粒间杂基体积。

在沉积物进入沉积盆地以后，盆地的水动力状况控制了碎屑颗粒的形状、粒度、分选状况、排列方式、圆度，从而控制了岩石的初始孔隙率。在这些参数中，粒度和分选对孔隙率的影响最为重要。砂岩颗粒的形状、圆度、分选性等对压实作用的效应都有影响，颗粒的圆度越高，分选性越好，原始沉积堆积物堆积越紧密。等大的球状砂级颗粒随机堆积的孔隙度为37%，而圆度和分选较差的砂级颗粒堆积的孔隙度可达50%左右。但分选差的沉积物，由于大小混杂堆积、杂基含量较高，也可使原始孔隙度降低。条板状颗粒的原始孔隙度变化较大，当沉积时的水流较紊动时，条板状颗粒可以相互支撑或呈“桥”式堆积，原始孔隙度可大于50%。相反，在缓慢而流态稳定的水体中沉积时，其原始孔隙度可降至20%左右。砾岩的压实效应较砂岩弱，这是由于砾岩中颗粒的比体积较砂岩大，具有较大的支撑能力和抗压实能力。宏观上，这些因素是受沉积环境控制，因而优质储层多形成于水动力条件较强的高能环境，如三角洲、扇三角洲、滨岸、辫状河三角洲、重力流水道等(田克勤等，2000；谯汉生等，2002；康玉柱，1996；童晓光等，1996；龚再升等，1997；陈纯芳等，2002；高勇等，2001)，其中又以相带主体为好。这是因为相带主体砂体的厚度大，在成岩过程中自生矿物的来源受到限制，胶结作用较弱，岩石成分又以刚性颗粒为主，抵抗压实作用的能力较强，因而既有利于原生孔隙的保存，也有利于后期次生孔隙的发育。

沉积盆地的性质在一定程度上控制了沉积物的性质。各种大陆裂谷盆地(包括陆内裂谷盆地、陆缘裂谷盆地以及陆间裂谷盆地)、坳拉槽盆地和被动大陆边缘盆地，其原始沉积物都是以大陆环境下的粗碎屑-细碎屑沉积物为主，只是在其上部(晚期沉积)可能形成碳酸盐岩及蒸发岩。在汇聚型板块边缘盆地(沟)弧盆系中，海沟盆地、弧前盆地、弧间盆地甚至弧后盆地，其原始沉积物的主要成分是火山物质和细粒的海洋沉积物，而前陆盆地和残留洋盆是以海相、海陆交互相及磨拉石建造为特征，山前盆地、山间盆地则是典型的陆相沉积盆地。一般来说，对于克拉通盆地，由于其缓慢沉降幅度而导致沉积物厚度相对较小。沉积类型包括了浅海相的页岩、碳酸盐岩、蒸发岩，无深海沉积物和火山活动的产物。转换断层或走滑断层盆地的原始沉积物充填较为复杂。这些不同盆地中的沉积作用，奠定了盆地中孔隙率和渗透率在时间和空间上变化的基础，包括直接影响地下岩石最终孔隙率和相应渗透率的碎屑的成分、颗粒的大小、分选和磨圆程度(黄思静等，2001)。

(二) 地温

总的说来，碎屑岩的成岩作用在很大程度上受有机质热演化所控制，而有机质热演化则又受地温的控制。一般来说，温度增高对于机械压实作用并无多大影响，但对压溶作用有一定的影响，温度的增高使得矿物的溶解度增大，因此使压溶强度增强(史宏才等，1998；杨绪充等，1993；Bjorlykee，1988)。随着温度的不断增高，有机质的热演化也经历了不同的阶段：当温度较低时，有机质经过生物化学反应生成一些 CO_2，使孔隙流体呈酸性；随着埋深和温度的增高($<90℃$)，孔隙流体性质总的变化趋势是偏碱性；随后温度继续增加，有机酸开始大量形成并伴有脱羧基作用的进行，CO_2也大量形成，介质环境又变为酸性；当温度再继续升高，有机酸逐渐被消耗掉，成岩环境又逐渐呈现为偏碱性。当有机质向高成熟阶段演化时，岩石逐渐变得致密，高岭石明显减少或缺失，混层黏土消失，黏土矿物主要是伊利石和绿泥石。但在渤海湾盆地深层(>3500m)下的第三系碎屑岩储层中，在热循环对流机制作用下，仍可形成晚期碳酸盐胶结物和一定规模的次生孔隙(刘立等，2000)。

总之，如果不考虑机械压实作用对孔隙损耗的影响，随着埋深增加，温度逐渐增加，储层物性的演化经历了稍微改善→逐渐改善→明显改善→逐渐变差→局部改善这样一个演化过程。由于不同深度下及温度段的有机质热演化不一样，因此碎屑岩储层的物性演化也不完全一样。

(三) 沉积速率与埋藏历史

沉积速率和埋藏历史控制着沉积物的压实程度，对于泥质沉积物来说，当被压实时，由于层间水和吸附水的释放，会发生排水作用，从而促进烃类的产生和运移，与此同时，释放出来的热增加了石油的生成潜力。因此，沉积速率太低不利于形成大的油气聚集，可见沉积速率决定着泥质岩成岩期有机质的转化方向、动力和程度。同样，对于砂岩来说，较高的沉积速率有利于储集层保存较好的孔隙度和渗透率(史基安等，1995)。随着储层埋藏时间的增加，碎屑岩的成岩作用(特别是压实作用)的强度增大，导致孔隙度变差。这就是说，深部储层的深埋藏时间短时，同样也可以具有较好的物性(郝芳等，1995)。

(四) 构造背景和构造运动

沉积盆地的构造背景和活动特征直接控制着盆地的发育类型、沉积作用的特点、沉积相特征以及沉积建造的组合等，这些因素无不对沉积物的成岩作用产生深远影响。伴随着地壳的抬升、褶皱和断裂，砂岩层发生不同程度的破碎和裂缝，这些裂缝与地壳升降产生的风化壳和不整合面一起，成为天水淋滤下伏地层的主要通道，天水和地下水的交替改变了砂岩中，孔隙水的化学性质，使砂岩中不稳定组分发生化学反应，导致矿物的溶解、沉淀，造成次生孔隙的广泛发育，极大地改善了砂岩的储集条件。在许多沉积盆地的储集砂岩中，次生孔隙及裂隙最发育的地带往往集中在不整合面和断裂带附近，这显然受盆地构造运动的控制。此外，不整合面和断裂带常常成为天然气运移的通道(史基安等，1995)。

(五) 成岩作用

1. 溶解作用

在碎屑岩中发现了埋藏成岩过程中形成的次生孔隙是20世纪70年代以来碎屑岩成岩作用的重要突破(杨晓宁等，2004；朱国华，1992；黄思静等，2004)，1979年，Schmidt & MacDonald的研究可作为一个标志，他们认识到地下深处的砂岩普遍发育次生孔隙，并认为这些次生孔隙是由于碎屑颗粒、杂基或早期形成的胶结物发生溶解而形成的，溶解产物被迁移出砂岩导致孔隙度的增大，这对油气聚集有着重要的意义(Schmidt，McDonald，1979)。有利的沉积相带为提高深部储层的储集性能提供了良好的“先天”条件，但经埋藏后，成岩作用对砂体的储集性能产生了很大的改造。砂岩中的任何碎屑颗粒、杂基、胶结物和交代矿物(后两者统称为自生矿物)，包括最稳定的石英和硅质胶结物，在一定的成岩环境中都可以不同程度地发生溶解作用。溶解作用的结果导致了砂岩中次生孔隙的形成。次生孔隙是岩石中的矿物组分被溶解以及岩石组分破裂和收缩所形成的孔隙。由于砂岩物质组成以及孔隙水性质等方面存在的差异，在溶解作用过程中既可以是胶结物被溶解，可以是碎屑颗粒的溶解，也可以是碎屑颗粒和胶结物都被溶解，而且各种组分溶解的程度是不同的。而无论是碎屑颗粒还是胶结物，随着孔隙水性质的演化，还可再度发生溶解。这样，砂岩的孔隙结构可以发生较大的变化(邱隆伟等，2006)。油气储层研究成果已充分说明，次生孔隙是世界上许多油气储集层的主要储、渗孔隙。

2. 胶结作用

胶结作用是指矿物质从孔隙溶液中沉淀，将松散的沉积物固结为岩石的作用。在多数情况下，胶结物都来自孔隙水，此外，砂岩沉积物中的黏土杂基，在压实作用过程中发生黏土脱水并向砂粒表面黏附，也能起到固结颗粒的作用；不同碎屑粒间发生反应，形成第三种矿物的反应边，由此发生的固结作用等也属于胶结作用的范畴。胶结作用是沉积物转变成沉积岩的重要作用，也是使沉积层中孔隙度和渗透率降低的主要原因之一。胶结作用发生于成岩作用的各个阶段，胶结物的形成具有世代性。与溶解作用相反，胶结作用对砂体的储集性能起破坏作用，最常见的表现是：各个盆地的孔隙度与胶结物的含量均具有较强的负相关性，如高碳酸盐胶结物含量带对应低孔隙度发育带(钟大康等，2003；龚再升等，1997；赵澄林等，1992)。但胶结作用也有其有利的一面：一方面，早期的碳酸盐胶结物可以抵抗压实作用的进行，为形成次生孔隙提供易溶物质，后期被酸性水溶蚀而产生较发育的次生孔隙(孙永传等，1996)；另一方面，作为环边衬里的自生绿泥石的存在对孔隙的保存(尤其是深埋藏条件下孔隙的保存)是有利的，孔隙度和这种产状绿泥石之间常表现为一种正相关关系(邱隆伟等，2006)，绿泥石环边的形成会显著提高岩石的机械强度和抗压实能力(环边绿泥石对石英胶结作用具有抑制效果)。早在20世纪60年代，人们就已认识到了这种机理(Ehrenberg，1993；Gostino，1985；Dixon，1989；Dutton，1977；Hancock，1978；Heald，1960；Heald，1974；Houseknecht，1987；Pittman，1968；Thomson，1979；Tillman，1979；Hurst，Nadeau，1995)：作为孔隙衬里的环边绿泥石通过分隔孔隙水与石英颗粒的表面来阻止自生石英胶结物在碎屑石英的表面成核，从而导致在绿泥石胶结作用发生的地方，很少有自生石英生长的现象；自生绿泥石将其所占据的粒间孔隙中的一部分转变成了晶间孔隙。Hurst和Nadeau(1995)利用BES(背散电子显微镜)研究了自生黏土矿物的晶间孔隙，自生绿泥石存在平均值为51%的晶间孔隙，这些晶间孔隙中的一部分可能是有效的储集空间。

(六) 烃类充注

油气充注对成岩作用和孔隙演化的影响很大，早期烃类的注入对胶结作用有抑制效果，包括对石英、伊利石和碳酸盐胶结物等(Bloch，2002)；油气充注产生超压对压实产生延缓作用，从而保存了孔隙。据研究，英国北海Miller油气藏，根据其埋藏史，油气是在40Ma前充注圈闭的(Marchand等，2002)，所俘获的流体包裹体均一温度表明，充注过程逐渐缓慢，在该油气藏的水区和油区，石英胶结丰度及孔隙度差别较大。油区的石英胶结速率比水区的要低，从油水界面到油藏顶部，胶结速率有很明显的减小趋势，顶部胶结速率为0，这种差别是由于烃类首先充注顶部，顶部的胶结首先受到抑制，烃类漫长的充注过程造成了油区中自生石英含量的这种差异(胡海燕，2004)；在澳大利亚陆架西北地区，Brewester-1 井数据表明，早期油气充注抑制了石英胶结物的沉淀，使孔隙得以保存(Lander，1999)。李艳霞等对我国东部济阳坳陷的研究发现，油饱和带中次生加大的程度低于水饱和带，川西地区(周东升等，2004)及塔里木地区存在同样的现象。Worden 等 1998 年还通过实验证实烃类的早期注入可以延缓甚至中断胶结作用的进行，并提出了开放系统和封闭系统中烃类早期充注对成岩矿物的影响模式。然而，在最近几年，有一些学者对烃类充注保存孔隙的意义表示质疑，至少是在某些地质背景下(Hoeiland，2001)。

(七) 超压

根据产生大规模超压的主要机制，将超压分为早期发育超压和晚期发育超压(郝芳等，2002)。早期发育超压主要产生于快速沉降或沉积的盆地中，主要由地层欠压实所引起的，在有机质未成熟时超压即开始发育；晚期发育超压主要产生于沉降速率较低的盆地中，主要由生烃特别是生气作用所引起的，在有机质已经达到相对较高的成熟阶段时才开始发育。这一划分的意义在于：早期发育超压对有机质的演化起明显的抑制作用，有利于孔隙的保存，而晚期发育超压则对有机质的演化不具有抑制作用，对储层的保护也不如早期发育超压有利。Osborne 认为超压系统的低有效应力抑制了压溶作用和石英的增生(Osborne，1999)。首先，超压可以支撑上覆部分岩体的荷重，减小地层的有效应力，减缓对超压层系的压实作用并抑制压溶作用，有效地保护了已形成的孔隙。Wilkinson 认为，超压流体的释放引起溶解物质的带出和长石溶解作用的增强(Wilkinson，1997)，因此，超压系统中砂岩的高孔隙度是由深层淋滤而形成次生孔隙所致。随着超压盆地油气勘探的深入，在越来越多的沉积盆地中发现了超压对有机质热演化和油气生成的抑制作用(李会军等，2001)，增强对烃类的封盖作用，扩大液态窗的范围，为深层油气藏的勘探创造有利条件。国内外学者研究认为超压流体排放的周期变化很大，从小于 100a(Whelan 等，1994)、100~200a(Ghaith，1990)到近 1Ma(Roberts，1995)。与构造成因的裂缝相比，超压成因的裂缝造缝期次多，发育普遍均匀，后期保存好。

(八) 流体性质

经过压实作用和胶结作用改造后，保存良好的原生有效碎屑岩体为大规模溶蚀型次生孔隙的形成提供了空间基础，而导致碎屑岩组分发生溶解的直接因素为孔隙流体性质的成岩改变(刘林玉等，1998)。在我国陆相碎屑岩储集层中，溶蚀型次生孔隙一般分布于有机质成岩演化的成熟期，与伊蒙混层黏土矿物中蒙皂石的迅速转化带往往是一致的(林西生，1992)。导致胶结物或碎屑组分发生大规模溶解的孔隙流体性质的变化主要表现为以下特征。

1. 沉积环境水介质的影响

沉积环境水介质的性质直接决定了沉积物沉积时被捕获在颗粒之间的同生水的性质(包书景，2005)，它的重要性在于：同生水的体积可占砂质沉积物体积的40%~50%，是地层水的主要来源之一，且在以后的埋藏过程中，沉积物孔隙中地质流体的成岩演化是在它的基础上开始的。因此，沉积环境水介质的性质直接影响着碎屑岩孔隙水介质的演化特征和自生黏土矿物的形成。

2. 泥质岩中水介质的影响

泥岩与砂岩在平面上呈相变关系，纵向上呈互层关系，由于二者接触紧密，泥页岩的成岩变化必然影响到砂岩储集层中黏土矿物的组成和分布(包书景，2005)。一方面，在同生期到早成岩期，随着埋深的增大，沉积物上覆载荷压力不断增大，泥质岩体积缩小，泥质沉积物中的孔隙水逐渐被排出而进入相邻砂岩储集层中，且埋藏较浅的砂岩也可能会受到大气水的影响；另一方面，随着埋深的进一步增大，温度、压力也随之增高，使成岩作用加剧，蒙皂石通过蒙/伊混层向伊利石转化，并有大量的层间水析出，进入相邻的渗透性碎屑岩中。这种流体进入储集岩孔隙中以后将产生一系列复杂的有机-无机相互作用和成岩反应，并通过水介质酸碱度的改变，以及水介质氧化-还原条件的改变来影响成岩过程中物质的迁移和重新分配。

3. 流体流动方式的影响

流体在储集岩孔隙、喉道中的流动是储集岩内部物质迁移的主要形式。流体在流动过程中，由于沿途孔隙中物理化学条件的变化会引起矿物的溶解、转变并产生新的沉淀，从而影响黏土矿物的组成和分布(包书景，2005)。因此，孔隙流体的不同流动方式对碎屑岩自生黏土矿物分布的影响是不同的。

4. 流体迁移速度的影响

砂岩体的渗透性和孔隙连通性主要受形成时沉积环境和成岩环境的控制(包书景，2005)。如果砂岩体的渗透性和孔隙连通性较好，孔隙中流体的迁移速度能与水-岩反应中固相物质的溶解速度保持平衡，反应过程中从骨架颗粒中析出的 K^+、Na^+、Fe^{2+}、Mg^{2+} 等金属离子能及时被流动的介质带走，使孔隙介质维持酸性。反之，若砂岩体的渗透性较差或渗透性砂岩体被渗透性差的岩体包围，则上述反应过程中析出的 K^+、Na^+、Fe^{2+}、Mg^{2+} 等金属离子不能及时被带走，在溶解速度大于介质迁移速度的情况下，上述金属离子就会在孔隙中逐渐积累而形成碱性孔隙介质环境。

第二节　川南须家河组概况

历年来，许多学者已对四川盆地上三叠统的地层、沉积特征及储层特征进行了较多研究，对四川盆地须家河组地层及沉积特征进行了阐述，并逐渐对地层发育及沉积相带特征有了较统一的认识，认为上三叠统地层在盆地内总体上呈西厚东薄的特征，西部地层发育的细粒沉积较多，中东部地层中则主要发育灰色砂岩等粗粒沉积，对晚三叠世的沉积充填历史或古地理环境演化亦多有论及(邓康玲，1992；邓康龄等，1982；罗志立等，2003；刘树根，1995)。近20年来，多位学者对四川盆地(尤其是川中地区)上三叠统须家河组的储层发育特征及储层展布规律等提出了各自的观点(陈立平，1981；白贵林，1991；王世谦，1997；王洪辉，1998；侯方浩，2005)，目前达成共识的观点认为，须家河组储层为低孔低渗类型，储层非均质性强，储层发育影响因素复杂，主要为裂缝~岩性油气藏。

相比之下，对川南地区上三叠统须家河组的相关研究则很少见，历年所见成果多是针对中三叠统及以下海相地层的天然气勘探及评价工作，故川南须家河组的研究工作相对较少、较粗，对其地层沉积、储层特征及成岩作用等方面的认识尚浅。近年来伴随着m5井、y27井这样的工业气井的发现，川南地区上三叠统的研究和勘探愈来愈引起人们的重视，从而使川南须家河组日渐成为勘探、开发及评价的重要目的层之一。

第二章　区域地质特征

第一节　区域构造背景

川南地区地理位置位于四川省自贡市、宜宾市境内，区域构造位置属于四川盆地川西南低缓构造区(图 2-1)。区内须家河组演化的盆地基础是中三叠统及以前的克拉通型盆地之后发育的前陆盆地，其根部位于现今龙门山构造带，初期在近根部常有海相地层发育，随着逆冲，在近陆部分形成深坳陷，发育海相至陆相的巨厚地层，并使盆地波浪式向前推进；当后期前陆部分挤压抬升后，发育为内陆湖盆，由于翘板效应，沉降和沉积中心向内陆迁移，形成地层向陆地超覆(童崇光，1992)。

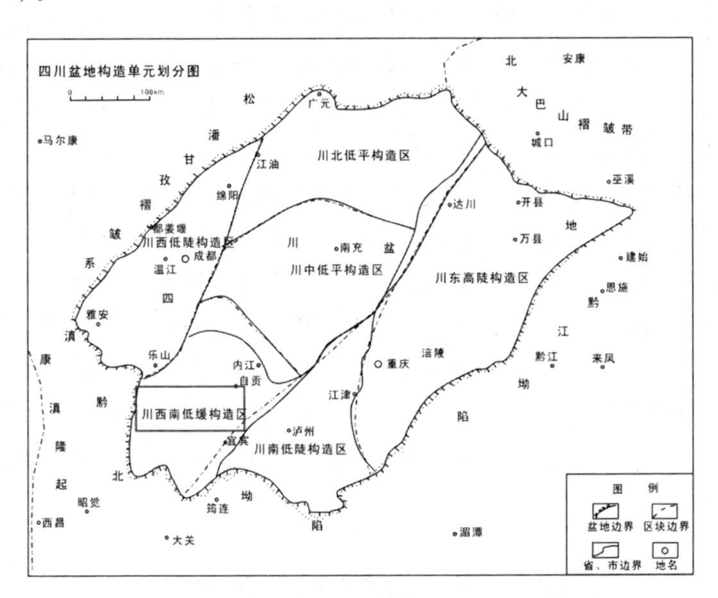

图 2-1　川南地区构造位置图(据童崇光，1992，略有修改)

四川盆地须家河组的沉积演化是在印支运动的改造和影响下进行的，印支运动对须家河组乃至四川盆地的影响都是巨大的。印支运动发生在中三叠世末到早侏罗世之间，是一次非常重要且规模宏大的地壳运动，其时限为 230~195Ma 前，影响播及东亚和东南亚广大地区，并使该区古地理、古构造格局发生巨变。印支运动在我国表现为强烈的造山运动和隆升造陆运动，是中国南方由海相沉积转为内陆河湖相沉积的转折(《四川油气区石油地质志》编写组，1990)。在我国，印支运动表现为多期次性(多幕性)和明显的地区差异性。仁纪舜等(1980)在《中国大地构造及其演化》一书中认为“印支旋回至少可划分为三个重要的构造运动幕”。对四川盆地须家河组而言，以龙门山造山带前缘对印支运动的反应最为敏感，而盆地中部地区较难进行各幕次的划分。

印支构造旋回对四川盆地的影响在中三叠世初就已开始，表现特别明显的有两期，一期发生在中三叠世末(早印支运动)，另一期发生在晚三叠世末(晚印支运动)。早印支运动以抬升为主，早三叠世闭塞海结束，海水退出上扬子地台，从此大规模海侵基本结束，以四川盆地为主体的大型内陆盆地开始出现，是由海相沉积转化为陆相沉积的重要转折时期。四川盆地在印支期受到羌塘地块、秦岭以及中下扬子板块的挤压、碰撞，使盆地深部物质向造山带俯冲，分别在盆地西北、东北形成龙门山推覆构造带和米仓山-大巴山推覆构造带，并使盆地在造山带前缘强烈下陷，其沉降中心在靠龙门山冲断带一侧。相应地，在太平洋板块远端效应的影响下，印支期在盆地东南部形成了泸州古隆起，东北部形成了大巴山古隆起，并将早已存在的开江古隆起改造成 NNE 向，将二者以鞍部连接起来。须家河组西厚东薄、由西向东间次超覆的地层特征显然受此构造格局的影响(四川省地质矿产局，1991；沈昭国等，2003；沈昭国等，2003；司马立强等，2004；曾伟等，2003；朱晓惠等，2001)。

发生在三叠纪末期的晚印支运动，在盆地西侧的甘孜-阿坝地区表现强烈；龙门山前缘受到波及，有较强的褶皱和断裂活动，在川西北地区存在与上覆侏罗系地层的角度不整合；在盆地其他地区一般表现并不强烈，主要是地壳上升，使上三叠统遭受剥蚀，形成上下地层的沉积间断(李勇，1998；李勇等，2000)。而在川南地区，晚印支运动表现并不明显，须六段与上覆侏罗系自流井组整合接触。经历了晚印支运动后，龙门山、大巴山进一步冲断、褶皱成山，盆地西北一侧古陆连成一体，从而使四川盆地边界更加明确和固定下来(《中国地层典》编委会编著，2000)。

第二节　地层划分与对比

四川盆地上三叠统须家河组为一套陆相地层，所含化石较为单一、区域性标志层少、岩性和岩相变化大的特点而造成其地层划分与对比较困难(《四川盆地陆相中生代地层古生物》编写组，1984)。长期以来，一直存在着川西须家河组与盆地中、东部的香溪群两种不同的岩性地层划分系统(郑荣才等，2003；何鲤，1989；张健等，2006)。目前，二者的对比关系尚未完全取得一致意见。

在综合分析前人研究成果的基础上(四川省地质矿产局，1991；沈昭国等，2003；沈昭国等，2003；司马立强等，2004；曾伟等，2003；朱晓惠等，2001)，以野外剖面和钻井资料为依据，根据研究区地层厚度、岩性、电性等特征，同时考虑到地层沉积的多旋回性和迁移性以及物源方向，对上三叠统须家河组地层进行了对比研究，自下向上分为6段，分别为须一～须六段，其中须六段进一步细分为三个亚段(表2-1)。这样的命名及划分在区域上具有很好的对比关系。

表2-1　川南地区上三叠统须家河组地层划分方案及对比表

<table>
<tr><td rowspan="2">新分层</td><td rowspan="2">自贡地区</td><td rowspan="2">泸州地区</td><td colspan="5">川中川南过渡带</td></tr>
<tr><td colspan="2">界石场、河包场地区</td><td>资阳地区</td><td colspan="2">威东、通贤、安岳地区</td></tr>
<tr><td>本次研究划分方案</td><td>原川西南分层</td><td>原川南分层</td><td>原川西南分层</td><td>川南分层</td><td>原川西南分层</td><td colspan="2">原川西南分层</td></tr>
<tr><td>须六3亚段</td><td>须六</td><td>须六</td><td>须六</td><td rowspan="3">须六</td><td>缺</td><td>缺</td><td>缺</td></tr>
<tr><td>须六2亚段</td><td>须五</td><td>须五</td><td>须五</td><td>缺</td><td rowspan="2">须六</td><td rowspan="2">须六</td></tr>
<tr><td>须六1亚段</td><td>须四</td><td>须四</td><td>须四</td><td>须六</td></tr>
<tr><td rowspan="3">须五</td><td rowspan="3">须三</td><td rowspan="3">须三</td><td rowspan="3">须三</td><td rowspan="3">须五</td><td rowspan="3">须五</td><td>须五</td><td rowspan="3">须五
(内不能细分)</td></tr>
<tr><td>须四</td></tr>
<tr><td>须三</td></tr>
<tr><td>须四</td><td>须二</td><td>须二</td><td>须二</td><td>须四</td><td>须四</td><td>须二</td><td>须四</td></tr>
<tr><td>须三</td><td rowspan="2">须一</td><td>须一</td><td rowspan="3">须一</td><td>须三</td><td>须三</td><td rowspan="3">须一</td><td>须三</td></tr>
<tr><td>须二</td><td>大部分缺失</td><td>须二</td><td>须二</td><td>须二</td></tr>
<tr><td>须一</td><td>缺</td><td>缺</td><td>须一</td><td>须一</td><td>须一</td></tr>
<tr><td>备注</td><td>须一B
西部缺失</td><td></td><td>须一C
南部缺失</td><td></td><td></td><td>威东1井</td><td>威东2、6井，
安8井</td></tr>
</table>

第三节　川南须家河组地层特征

研究分析表明，川南须家河组为陆源碎屑岩沉积，主要岩性为浅灰、灰、灰白色砂岩，灰、深灰、黑灰色页岩，纵向上根据其以砂岩为主或页岩为主的特征可以划分为8个岩性段，其中须一、须三、须五段及须六2亚段以页岩为主，夹少量砂岩，而须二、须四段、须六1、须六3亚段则以砂岩为主，夹少量页岩。整个须家河组地层厚500～600m，其中孔滩构造较薄，多数500～530m；其次为大塔场、兴隆场构造，厚度多在 540~570m；观音场、麻柳场及瓦市地层较厚，多在 560m 以上。须家河组各段及亚段地层岩性分布特征分述如下。

一、T_3x_1段

该段地层为须家河组最底部地层，底与中三叠统雷口坡组为不整合接触，顶与以须二段砂岩为主的地层分层不太明显，若须二段为砂岩，则以砂、页岩界面为界，若须二段为页岩，则参照邻井或邻区厚度以及电测曲线特征进行分层。正是由于须一、须二段地层分层不明显，或单纯地以见砂岩而划入须二，以及须一地层覆盖于中三叠统侵蚀面上，沉积时填平补齐，导致须一段、须二段地层厚度变化较大，其中须一段从几米至五十多米，相邻井也有较大的厚度差异，如 T15 井厚 46m，相距约 1km 的 T9 井厚仅 9m。但从总体上看，须一地层向西、向北厚度逐渐增大的趋势明显。其主要为一套灰-灰黑色泥岩沉积为主，其次表现为页岩夹粉砂岩、页岩和粉砂岩互层，是一套较好的生油岩层。

二、T_3x_2段

该段地层顶、底与须三段、须一段地层分层界面不太明显，在须二段为砂岩时，以砂、页岩界面与须一、须三分界，而部分井须二段为页岩(邻井为砂岩)，其顶底界面划分参照邻井或邻区厚度以及电测曲线特征进行分层。川南地区过半数的井须二段为砂岩，且有一定的分布范围，并且从地层厚度、岩性组合分析，川南地区须二段与东北部包、界地区须二段是对应的。

由于须二段主要以岩性作为顶底界划分的依据，因此其厚度变化较大，且向北厚度增大，一般厚为 25~50m。在观音场、孔滩、兴隆场、大塔场等多数地区须二段为一套砂岩，个别井为两套砂岩夹一层页岩(如 X5 井)，而在邓井关构造大部及 Wa10、T9 井等区域，须二段相变为以页岩为主的沉积，仅夹有极薄层的砂岩层。与邻层相比，须二段电性上为低伽马、低电阻特征。须二段砂岩厚度不大，夹于须一、须三段生油层之间，可能具有较好的成藏条件。

三、T_3x_3段

该段地层底与须二段分层不太明显，顶与须四段砂岩明显分界。该段地层厚度 20~50m，向西、向北厚度略有增大；岩性主要为灰-灰黑色页岩，局部夹薄层且延伸范围小的灰色细砂岩透镜体。该套地层也是川南地区较好的烃源岩层。

四、T_3x_4段

该段地层与上须五、下须五、须三段以页岩为主的地层分界明显，厚度较稳定，一般厚100~130m，从西北至东南厚度有增大的趋势，个别井厚度较大，如X18井厚180m，观音场厚度相对较薄，最多不超过115m。岩性上，该段地层总体上以粒度较粗的中细粒灰色、灰白色砂岩夹少量粉砂岩及页岩沉积，是川南须家河组重要的储层发育层段。

五、T_3x_5段

该段地层与上须六、下须六、须四段砂岩地层分界明显，但川南地区该段地层变化较大。观音场、孔滩、兴隆场及自流井，地层厚度达60m，岩性主要为黑灰色泥岩夹细砂岩、粉砂岩为特征。该段地层也是川南地区较好的烃源岩层。

六、$T_3x_6^1$段

该亚段地层与上、下以页岩为主的层段分层比较明显，野外剖面上底常与须五段冲刷面接触，底部多见近源泥砾，地层厚度比较稳定，厚度一般为130~160m。岩性以中细粒砂岩、粉砂岩为主，夹少量泥岩，是川南须家河组重要的储层发育层段。

七、$T_3x_6^2$段

该段地层以灰色和灰黑色泥岩沉积中夹中细粒砂岩、粉砂岩为特征，川南地区钻遇本段地层的钻井最厚地层Deng7井，厚度为171m；最薄地层为Zi19井，厚度为39.5m，平均厚度为103m。该段地层与下伏地层呈整合接触关系。

八、$T_3x_6^3$段

该段地层为须家河组最后一段地层，由于受后期沉积的冲刷侵蚀，厚度较薄，平均厚度为22m，该段地层以中细粒砂岩、粉砂岩为主。川南地区最厚地层为Yin10井，厚度为42.5m；最薄地层为X18井，厚度为5.0m。该段地层与上覆地层珍珠冲组呈平行不整合接触关系。

根据地层对比、钻探和测试成果分析，川南地区盖层与其下的砂岩储层一起构成了川南地区三套区域性的储盖组合(图2-2)：

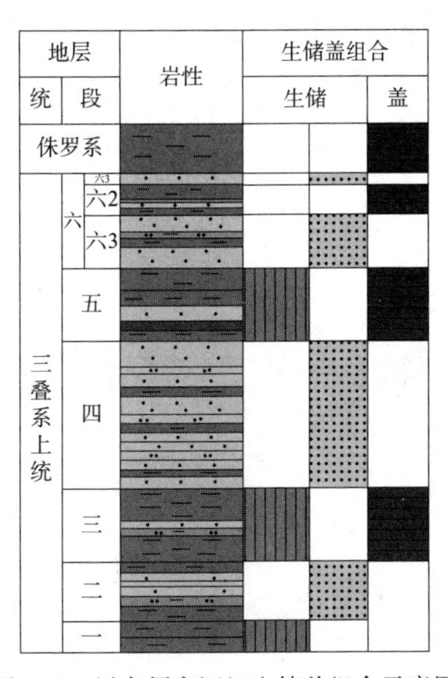

图2-2　川南须家河组生储盖组合示意图

（1）以 T_3x_2段细-中粒砂岩为储层、T_3x_3段泥岩为盖层的储盖组合。

（2）以 T_3x_4段粗-中粒砂岩为储层、T_3x_5段泥岩为盖层的储盖组合。

（3）以 $T_3x_6^3$段中粒砂岩为储层、$T_3x_6^2$段中部泥岩为盖层或者以 $T_3x_6^3$段中粒砂岩为储层、侏罗系珍珠冲组下部泥岩为盖层的储盖组合。

第三章　沉积相类型及岩相古地理演化

第一节　相标志分析

一、岩性标志

根据野外露头剖面和钻井岩心的详细观察，川南须家河组岩石类型由陆源碎屑岩组成，包括深灰、灰色、浅灰、灰白色中粗粒砂岩、中粒砂岩、细粒砂岩、粉砂岩、煤、黑色泥岩、黑色页岩等，除露头剖面中有砾岩外，井下几乎由各种粒级砂岩及泥岩组成。分流河道、水下分流河道、河口砂坝和浅湖砂坝沉积主要由较粗粒的砂岩组成，而洼地、分流间湾、天然堤、前三角洲、浅湖泥等微相以泥岩、粉砂质泥岩、泥质粉砂岩较细粒沉积物为主。

岩石颜色，特别是泥岩的原生色，可以作为判断该岩层形成时的气候状况、水介质氧化-还原条件和烃源岩品质等的直接标志(刘宝珺等，1985)。上三叠统须家河组地层是四川盆地特有的煤系地层，反映了晚三叠世诺利克(Norian)期-瑞替克(Rhactian)期四川盆地具有温暖潮湿的气候条件和还原环境特征。川南地区发育的煤线及煤层，说明其为湿地沉积环境，与须家河组上伏的侏罗系红色地层所反映的氧化环境有较大差别。

二、沉积构造标志

沉积构造是沉积岩的重要特征之一，指沉积物沉积时或沉积后，由于物理作用、化学作用及生物作用，在沉积物内部或表面形成的各种构造，包括原生沉积构造和次生沉积构造。其中，原生沉积构造可提供有关沉积时的沉积介质性质和能量条件等方面的信息(张金亮等，2000)。沉积构造的发育状况与沉积速度、水流作用方式和介质条件直接相关，因此，原生沉积构造及其组合或序列已成为判别沉积环境和进行沉积相、亚相和微相划分最重要的标志。

通过对 M11 井、Yin23 井、T14 井及 Wa6 井等 8 口钻井岩心的观察，川南上三叠统须家河组中发育的原生沉积构造主要有底冲刷构造、层理构造以及同生变形构造等。下面就其构造特征进行分述。

（一）底冲刷构造

底冲刷构造的发育与水动力条件突发性地由弱变强的过程有关，一般以冲刷面之上沉积环境的水动力条件较之下有显著增强为特征，故在冲刷面发育之前堆积的沉积物往往遭到程度不同的侵蚀改造。底冲刷面表现为一个不平整的冲刷面和岩性突变面，代表不同程度的侵蚀间断。冲刷面上部的岩石粒度明显粗于下部，或含有来自下伏层的泥砾。在川南上三叠统须家河组地层中，位于三角洲中进积型分流河道粗砂岩沉积的底部冲刷面尤为发育。

（二）层理构造

层理是由于岩石性质沿沉积物堆积方向的变化(物质成分、颜色、结构和构造等)而形成的层状构造，它是沉积物或沉积岩最重要的外貌特征之一，也是沉积岩区别于岩浆岩和部分变质岩的主要标志。根据层理细层的形态与层系界面的关系，川南地区层理可分为平行层理、交错层理、水平层理等。

1. 平行层理

平行层理是在较强的水动力条件下，高流态中由平坦的床沙迁移，床面上连续滚动的砂粒产生粗细分离而形成的水平细层，沿层面易剥开，常与大型交错层理共生，在川南三角洲的分流河道和水下分流河道砂岩中普遍发育。

2. 交错层理

交错层理又称斜层理，是由一系列与沉积层面斜交的内部纹层所组成的沉积单位，主要发育于碎屑岩中，其形成的水动力能量一般较强。在川南上三叠统须家河组钻井岩心的砂岩中非常发育，主要有板状斜层理、楔状斜层理、槽状交错层理和浪成沙纹层理等。

3. 水平层理

水平层理常见于泥岩、粉砂质泥岩中，单层厚度小，纹层相互平行并平行于层面，层理上见细小植物碎屑和丰富的云母片，常形成于浪基面之下或低能环境的低流态中及物质供应不足的情况下，主要由悬浮物质缓慢垂向加积沉积而成。此类沉积构造主要发育于三角洲前缘的分流间湾、水下天然堤、前三角洲、滨湖、浅湖等水动力条件较弱的沉积环境。由于川南地区取心井多为砂岩段，因此，水平层理在研究区钻井岩心中少见。

（三）同生变形构造

沉积物沉积后，在固结成岩之前发生的形变为同生变形构造。在川南上三叠统须家河组地层中发育的同生形变构造主要有包卷层理构造和滑塌变形构造，大多为三角洲前缘河口坝–远砂坝粉细砂岩快速堆积而形成，具很好的沉积环境标志特征。

三、剖面结构特征

剖面结构是指垂向上沉积物结构、岩性、沉积构造等综合特征，它受沉积物水动力条件、可容空间、沉积物注入量、水进、水退等多种因素控制，是划分沉积微相的重要标志(田景春等，2004)。川南须家河组中可划分为四种剖面结构类型，即正粒序型、逆粒序型、无粒序变化均一型、复合粒序型，它们代表了川南地区主要的储集砂体类型。

（1）正粒序型：从下向上沉积物粒度由粗变细，岩性由中、细粒砂岩变成粉砂岩及泥岩，层系由厚变薄。沉积构造常由平行层理→大、中型板状交错层理→小型板状交错层理→砂纹层理→水平层理，代表了水动力条件逐渐变小的特征。岩性上也表现为由粒度粗的砂岩过渡到粒度较细的粉砂岩或者泥岩。测井曲线形态为钟形，即自然伽马向上逐渐增大，而自然电位自下向上由高负偏向低负偏甚至基线附近变化，这种剖面结构主要出现在川南地区分流河道和水下分流河道微相中(图 3-1)。

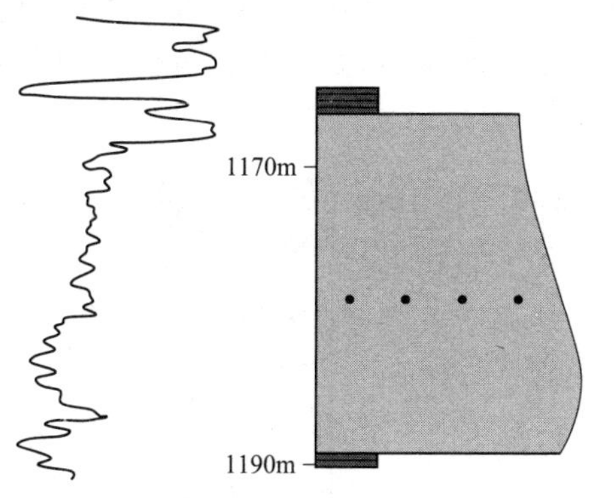

图 3-1　正粒序型，M4 井，$T_3x_6^1$

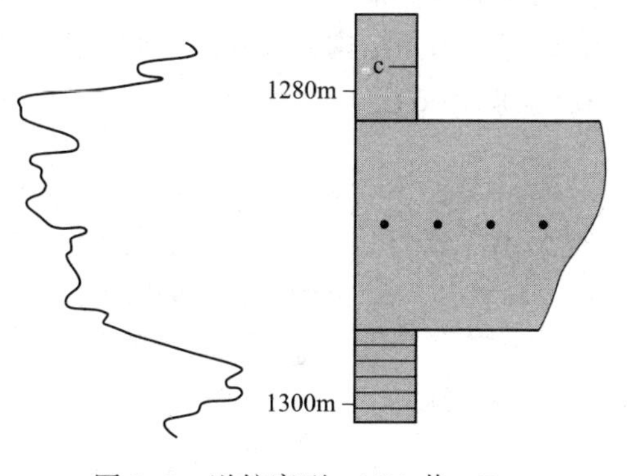

图 3-2　逆粒序型，M11 井，T_3x_4

（2）逆粒序型：与正粒序型相反，从下往上粒度由细变粗，岩性由泥岩、粉砂岩逐渐变为中、细粒砂岩，层厚由薄变厚，沉积构造由水平层理、波状层理、砂纹层理逐渐变为大中型板状交错层理、平行层理。测井曲线形态特征表现为漏斗形特征。这种剖面结构类型主要出现在三角洲前缘河口砂坝微相中(图 3-2)。

（3）无粒序变化均一型：剖面结构有两类，一类是由粗粒沉积物组成，很少夹有泥、粉砂，沉积构造有平行层理或大中型板状交错层理。测井曲

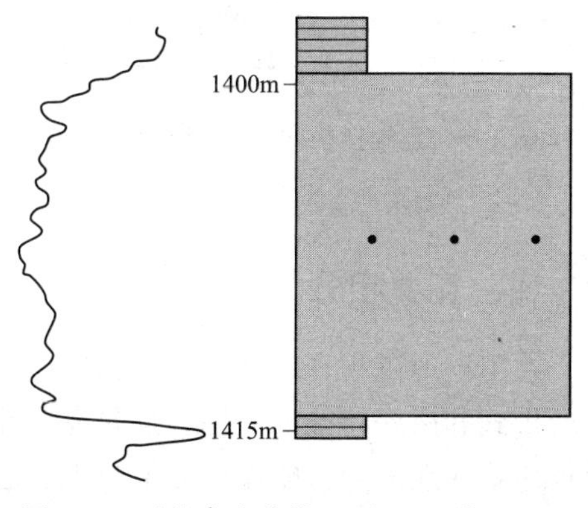

图 3-3　无粒序变化均一型，M4 井，T_3x_3

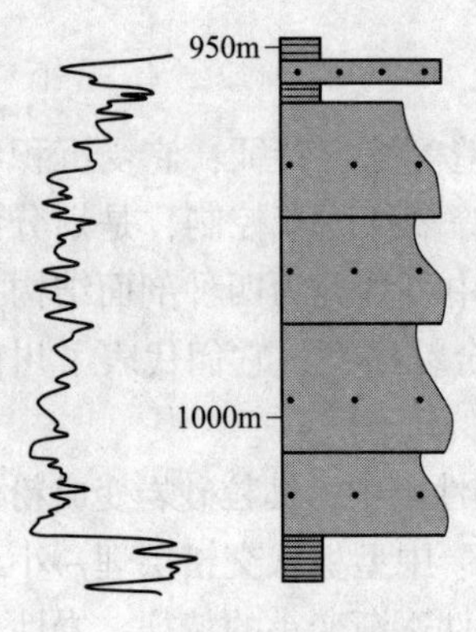

图 3-4 连续正粒序型，M11 井，$T_3x_6^1$

线形态上表现为箱形或齿化箱形。这种剖面结构类型主要出现在水下分流河道微相河道砂和浅湖中浅湖砂坝砂(图 3-3)。另一类是由细粒沉积物组成，常为泥岩、粉砂质泥岩与粉砂岩薄互层，沉积构造有水平层理、波状层理、砂纹层理等，测井曲线形态上表现为微齿化平直形。这种剖面结构主要出现在远砂坝、分流间湾、水下天然堤、前三角洲等沉积微相中。

(4) 复合粒序型：是指由两个以上粒序型组成的剖面结构类型，主要包括连续正粒序、连续逆粒序及正逆粒序组合型三种类型的剖面结构。连续正粒序组成一个大正粒序剖面结构，常为叠置分流河道和水下分流河道微相的特征(见图 3-4)；连续逆粒序组成一个向上变粗的逆粒序剖面结构，常为叠置河口砂坝微相的特征(见图 3-5)；由正、逆粒序剖面结构组成完整剖面结构即由粗变细再变粗，常形成水下分流河道-河口砂坝的沉积序列(见图 3-6)。

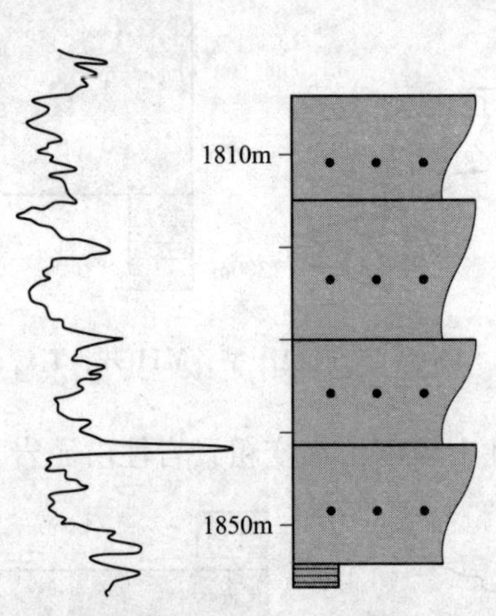

图 3-5 连续逆粒序，T4 井，$T_3x_6^1$

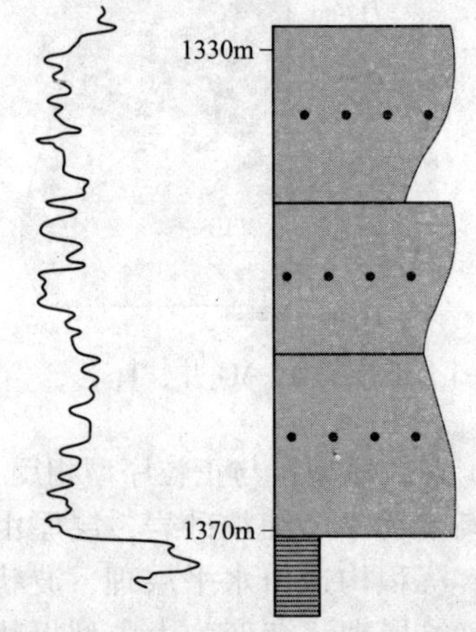

图 3-6 正粒序-逆粒序复合粒序型，M12 井，$T_3x_6^1$

四、测井相分析

在不同的沉积环境下，由于物源、水动力条件及水深不同，必然造成沉积物组合形式和层序特征的不同，反映在测井曲线上就是不同的形态。测井曲线形态特征包括曲线的异常幅度、光滑程度、齿中线的收敛情况、曲线形态和顶底接触关系等，它们分别从不同方面反映地层的岩性、粒度、泥质含量和垂向变化等特征。不同的沉积微相所对应的测井相特征亦不同(王允诚编著，2008)。通过取心井的岩-电标定可识别出不同沉积相类型的测井响应特征。不同的沉积微相所对应的测井相特征有所差异(图 3-7)。例如，水下分流河道的测井相特征为单个河道砂体的电测曲线特征呈微齿或光滑的中~高幅钟形或箱形，多个河道砂体连续叠置呈中~高幅钟形叠加钟形或箱形及钟形+箱形的复合形；水下决口扇电测曲线呈低~中幅指形、漏斗形，个别为钟形；水下分流间洼地微相电测曲线呈低幅微齿形或光滑曲线；河口砂坝微相的电测曲线特征为单个河口砂坝以微齿或光滑的漏斗形或指形为主，由多个河口砂坝砂体叠加而形成台阶状漏斗形和箱形+漏斗形复合体，浅湖或前三角洲相的电测曲线呈低幅微齿或光滑曲线形~直线形。

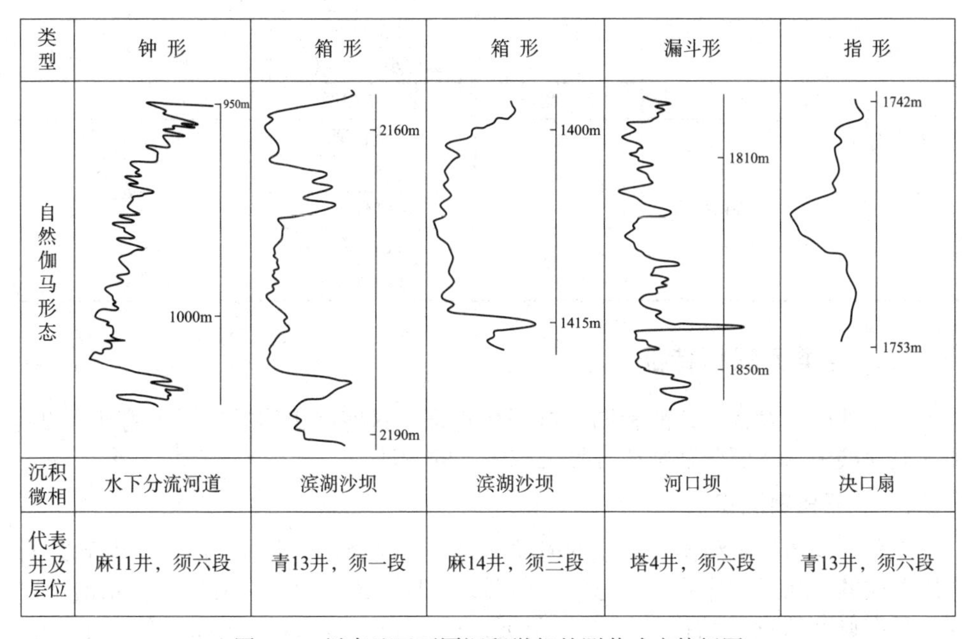

类型	钟 形	箱 形	箱 形	漏斗形	指 形
自然伽马形态	950m 1000m	2160m 2190m	1400m 1415m	1810m 1850m	1742m 1753m
沉积微相	水下分流河道	滨湖沙坝	滨湖沙坝	河口坝	决口扇
代表井及层位	麻11井，须六段	青13井，须一段	麻14井，须三段	塔4井，须六段	青13井，须六段

图 3-7　川南地区不同沉积微相的测井响应特征图

第二节　沉积相类型及特征

一、沉积相划分方案

通过对川南地区富顺茅桥剖面和南溪大观剖面的野外观测、有关钻井岩心的描述、测井曲线的综合分析，依据岩石组合、沉积组构、剖面结构及其演化序列等相标志，结合前人研究成果，将研究区上三叠统须家河组划分为 1 个沉积相组、2 个沉积相和众多的亚相、微相类型(表 3-1)。

表 3-1　川南上三叠统须家河组沉积相划分简表

沉积相组	沉积相	亚相	微相	主要发育层位
大陆沉积相组	三角洲	三角洲平原	分流河道	须六 1 亚段 须四段
			天然堤	
			决口扇	
			分流间洼地	
			泛滥平原	
			泥炭沼泽	
		三角洲前缘	水下分流河道	须六 3 亚段 须六 1 亚段 须四段 须二段
			河口坝	
			水下天然堤	
			水下决口扇	
			分流间湾	
			远砂坝、席状砂	
		前三角洲	前三角洲泥	
	湖泊	滨湖	沼泽化湖	须三段 须一段
			滨湖泥	
			滨湖砂滩	
		浅湖	浅湖泥	须六 2 亚段 须五段
			浅湖砂坝	

二、各类沉积相特征

川南地区以发育三角洲和湖泊沉积为特征。这些沉积体系广泛发育于须 2~须 6 段地层中。下面分别阐述各类沉积体系的特征。

（一）三角洲沉积

三角洲环境位于河流入湖盆的河湖交界处和混合处的区域，由河湖两者共同作用形成的锥状沉积体系，形态似三角形，故称三角洲相。它最早由吉尔伯特发现，具有典型的三层结构的河湖三角洲，即可分为顶积层(又称三角洲平原亚相)、前积层(又称三角洲前缘斜坡亚相)、底积层(又称前三角洲亚相)。河湖三角洲一般以河流作用为主，形成建设性三角洲，平面上呈鸟足状或朵状，例如现代流入鄱阳湖的赣江三角洲、青海湖泊的布哈河三角洲等。古代河湖三角洲广泛分布，并与油气密切相关。三角洲可进一步划分为三角洲平原亚相、三角洲前缘亚相、前三角洲亚相。

（二）三角洲平原亚相

三角洲平原亚相是三角洲沉积的水上部分，位于三角洲沉积层序的最上部，俗称顶积层。川南地区三角洲平原亚相见于南溪大观剖面、富顺茅桥剖面及众多钻井不同层段中，可识别出分流河道、天然堤、决口扇、泥炭沼泽、分流间洼地和泛滥平原等微相(图 3-8)。

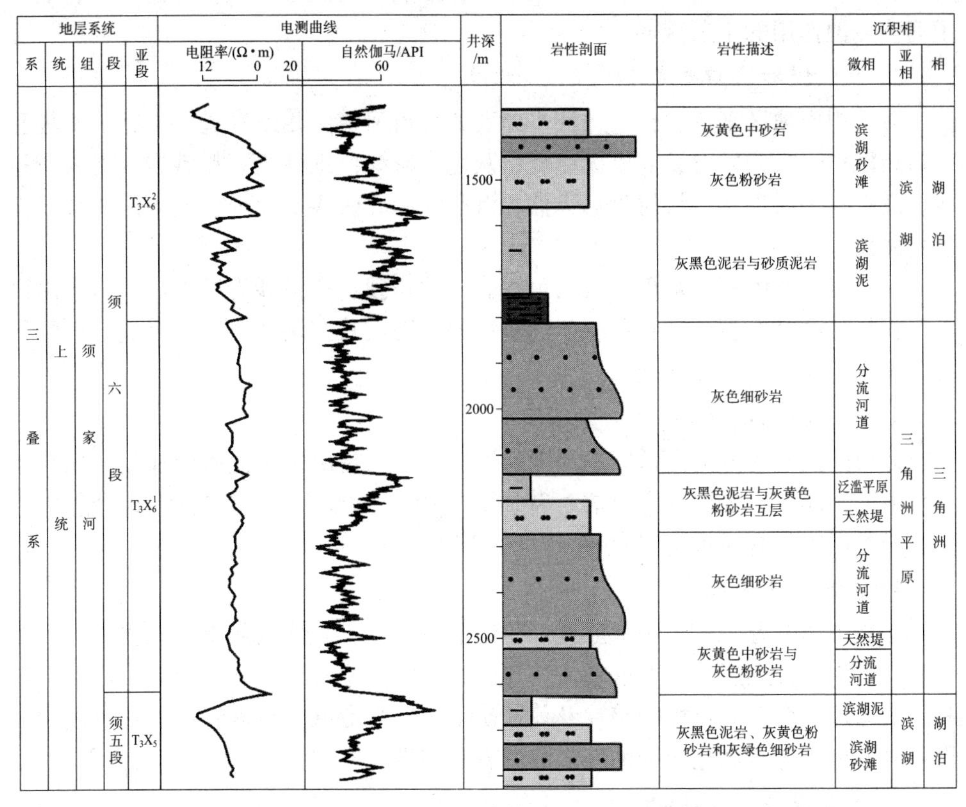

图 3-8 川南 GS1 井 $T_3x_6^1$段三角洲平原沉积序列

1. 分流河道微相

分流河道沉积是三角洲平原的骨架砂体，主要由含砾粗砂岩、粗砂岩及中细粒石英砂岩、岩屑砂岩所组成。砂岩的成分成熟度和结构成熟度都较低，砂岩中发育板状交错层理、槽状交错层理、楔状交错层理、平行层理等，砂岩底部具有明显的底冲刷构造，冲刷面之上广泛见有冲刷泥砾。砂体本身具有明显的正粒序层理，粒度分布概率累积曲线为二段式，以发育跳跃总体为主，含量为5%～80%，斜率高，分选好；其次为悬浮总体，含量为25%～20%，滚动总体不发育(见图 3-9)。在测井曲线上表现为钟形或齿化钟形，反映了水流能量和

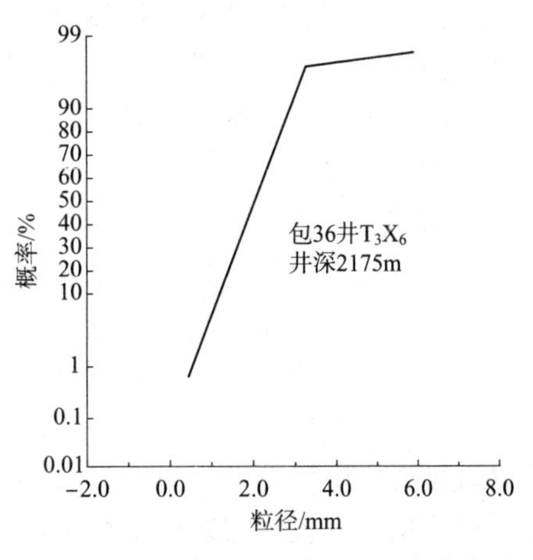

图 3-9 B36 井分流河道粒度概率曲线图

物源供给减少条件下的沉积，即反映了水流强度由高流态向低流态的转变，显示了河流侵蚀作用的不断减弱。

2. 天然堤和决口扇微相

对于川南地区来说，在三角洲平原亚相分流河道微相发育过程中，天然堤和决口扇沉积也极为发育，其中天然堤由灰色、灰绿色细砂岩、粉砂岩、泥岩所组成，发育水平层理和沙纹层理，天然堤沉积在测井曲线上表现为低幅的平直或微齿化曲线。

决口扇主要由夹于灰色、灰白色泥岩中的粉砂岩和细砂岩所组成。由于决口扇沉积是一种突发事件，且堆积于泛滥平原，因而其在测井曲线上为夹于低幅平直曲线上的指形或齿形曲线。

3. 分流间洼地微相

分流间洼地为分流河道间的局限环境沉积，它是由河水流入低洼处，植物繁茂形成的沼泽，主要由黑色泥岩、灰质泥岩组成，偶见纹层状粉砂岩，厚度小，缺乏明显层理，有时根土岩发育。

4. 泥炭沼泽微相

泥炭沼泽发育于三角洲平原或三角洲前缘之上。岩性以灰黑色泥岩、炭质泥岩和煤层为主，煤层累积厚度较大，煤岩组分中的镜质组分含量较高。水平层理和波状层理发育，炭化植物碎片及菱铁矿结核较为常见。富含有机质暗色泥岩及煤层的发育决定了该相成为油气生成的有利相带。

（三）三角洲前缘亚相

在川南地区发育的三角洲前缘亚相是最具特色的三角洲沉积物，常见的沉积构造有：滑移变形构造、变形及包卷层理、球状及枕状构造等，其沉积物以砂为主，砂体常呈透镜状，砂岩孔隙度高，渗透率好，故常成为好的储层，为主要的含气或产气相带。主要见于川南地区的南溪大观剖面、富顺茅桥剖面及众多钻井不同层段中，为研究区最为发育的沉积相类型。本亚相可进一步细分为水下分流河道、水下天然堤、水下决口扇、分流间湾、河口砂坝、远砂坝和席状砂等微相（图 3-10）。

1. 水下分流河道微相

水下分流河道是三角洲平原上分流河道入湖后向水下延伸的河道或者是由于河流在入湖河口处新分叉的河道。由于水下分流河道的位置不稳定，分流汇合和侧向迁移频繁，因而同一时期发育的水下分流河道在平面上常呈宽带状和网状分布，具有成层性好和可对比性强的特点，形成湖泊三角洲前缘的骨架砂体。主要由含砾砂岩、中粗粒砂岩组成的向上变细的旋回，砂岩中底冲刷面发育，并发育有正粒序层理、板状层理、平行层理、单向斜层理等沉积构造。在相序上与三角洲前缘河口坝、远砂坝密切共生，粒度分布特征与三角洲平原分流河道相似，以

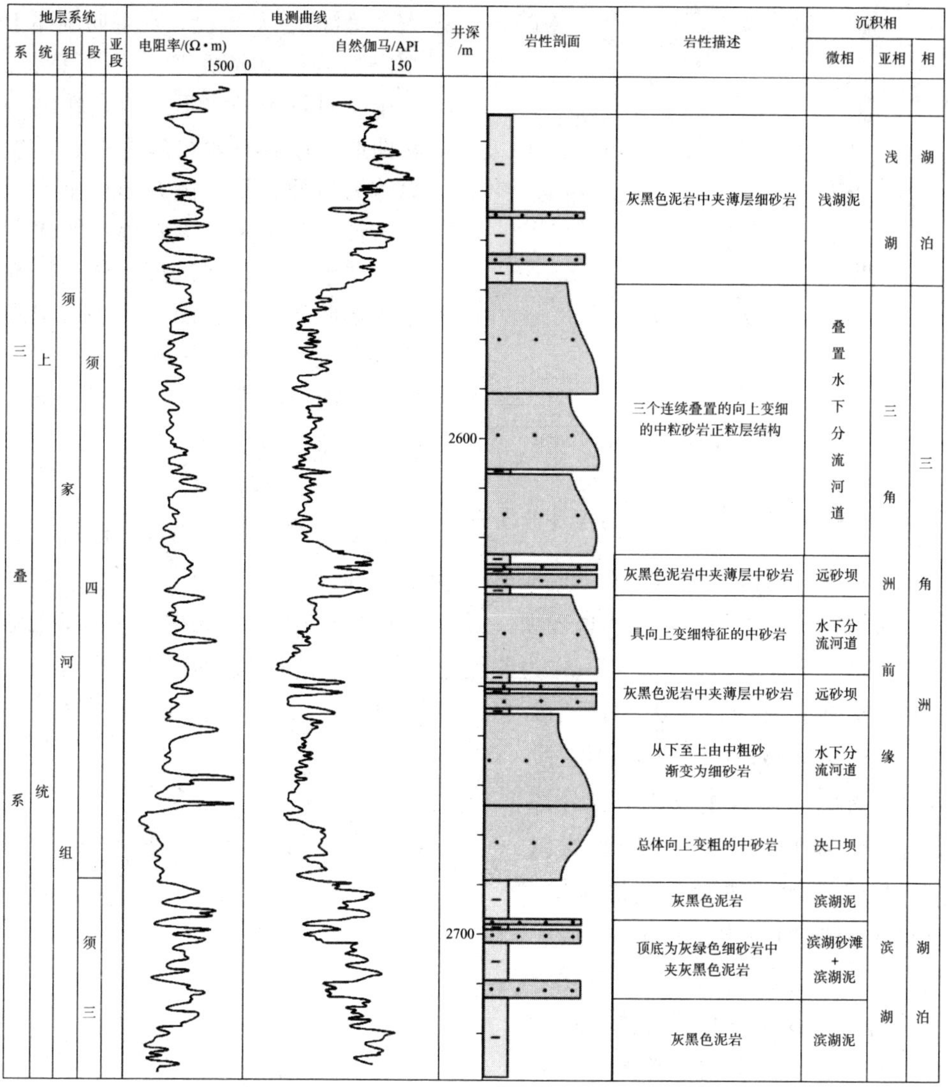

地层系统					电测曲线	井深/m	岩性剖面	岩性描述	沉积相		
系	统	组	段	亚段	电阻率/(Ω·m) 1500 0 自然伽马/API 150				微相	亚相	相
三叠系	上统	须家河组	须四					灰黑色泥岩中夹薄层细砂岩	浅湖泥	浅湖	湖泊
						2600		三个连续叠置的向上变细的中粒砂岩正粒层结构	叠置水下分流河道	三角洲前缘	三角洲
								灰黑色泥岩中夹薄层中砂岩	远砂坝		
								具向上变细特征的中砂岩	水下分流河道		
								灰黑色泥岩中夹薄层中砂岩	远砂坝		
								从下至上由中粗砂渐变为细砂岩	水下分流河道		
								总体向上变粗的中砂岩	决口坝		
			须三					灰黑色泥岩	滨湖泥	滨湖	湖泊
						2700		顶底为灰绿色细砂岩中夹灰黑色泥岩	滨湖砂滩+滨湖泥		
								灰黑色泥岩	滨湖泥		

图 3-10　川南 Yin32 井 T_3x_4段三角洲前缘沉积序列

跳跃总体发育为特征，分选好，结构成熟度高(图 3-11)。在测井曲线上所表现的特征与三角洲平原上分流河道相似，即无论是在自然电位曲线上还是在自然伽马曲线上均表现为钟形或齿化钟形或箱形。

2. 水下天然堤和水下决口扇微相

水下天然堤和水下决口扇微相的特征与三角洲平原中的同类微相非常相似，也都由粉-细砂岩与泥岩薄互层组成，其差别主要在于水下天然堤和水下决口扇的沉积作用主要发生在水下低能和相对闭塞的还原环境中，有利于有机质的保

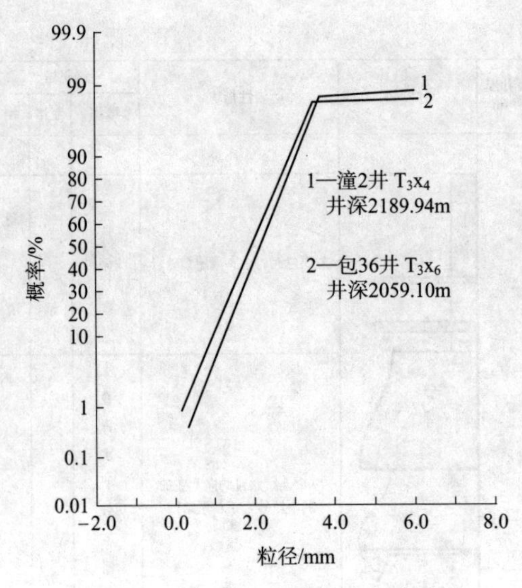

图 3-11　水下分流河道粒度概率曲线

存，因此，泥岩富含有机碳组分而大多呈深灰–灰黑色。在垂向剖面上则以与分流间湾密切共生为特征。其中相对较粗的水下决口扇粒度分布曲线，以具有含量较高的悬浮次总体为重要特征。测井曲线也都较有特征，其中水下天然堤主要表现以反映水下分流河道沉积结束的高幅钟形收敛尾部，而水下决口扇在反映分流间湾低能沉积特征的微齿形和平滑形曲线背景中，呈中–低幅漏斗形或指形。

3. 河口坝微相

无论在海相三角洲，还是在湖泊三角洲中，河口位置均为喇叭口地形，河流入湖后河流不断分叉，促使河流携带的沉积物快速堆积，形成河口砂坝。河口砂坝是三角洲前缘亚相中最具特色的沉积环境，因而众多研究者将其作为鉴别是否存在三角洲沉积的标志，也是组成三角洲前缘相带厚度最大的骨架砂体。粒度分布概率累积曲线为三段式，以跳跃总体为主要成分，分选很好(图 3-12)，由中细粒砂岩组成，总厚数米。砂岩分选磨圆好，以化学胶结物为主，石英含量高，故结构及成分成熟度均高，有化学胶结物，也有内杂基。交错层理发育，下部以小型交错层理为主，向上变为大型板状和槽状交错层理，还发育有滑塌变形构造。由下而上，层系厚度逐渐增大，粒度也逐渐变粗。砂岩层面含炭化植物碎片。

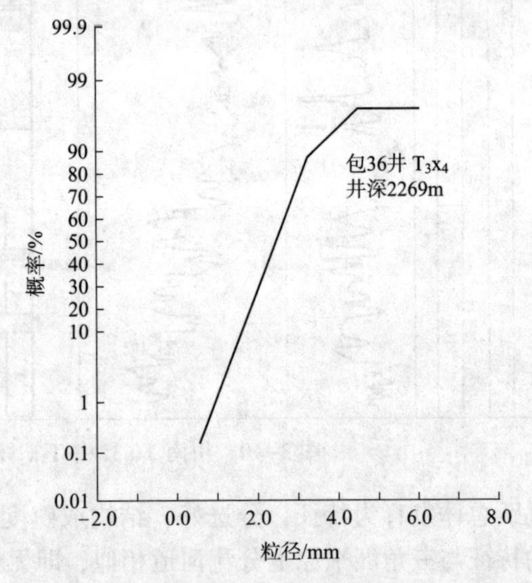

图 3-12　河口坝粒度概率曲线

4. 远砂坝微相

远砂坝微相是由河流所携带的细粒沉积物在三角洲前缘河口坝与浅湖过渡的地带所形成的坝状沉积体，位于三角洲前缘亚相最前端，所以又称末端砂坝，主要由细砂岩、粉砂岩和灰黑色泥岩互层组成，总厚度仅几米。单层泥岩、细粉砂岩厚几毫米到数厘米。砂岩分选和磨圆中等至较好，沉积构造十分发育，有水平层理、缓波状层理和沙纹层理及韵律层理等，另可见变形层理。

5. 席状砂微相

席状砂是由河口坝和远砂坝经湖浪改造，沿岸侧向堆积形成的，其特点是砂体分布面积广泛，厚度较薄，砂质较纯。席状砂多为细粉砂岩组成，其间为薄层泥所隔开，砂岩中发育沙纹层理，在相序上系河口坝、远砂坝、前三角洲泥或浅湖泥共生，在测井曲线上表现为低幅度的微齿化曲线。

6. 分流间湾微相

水下分流河道之间与湖水相通的低洼地区即为分流间湾，岩性主要为一套细粒悬浮的泥岩、粉砂质泥岩所组成，发育水平层理和沙纹层理，可见植物碎片。

（四）前三角洲亚相

前三角洲亚相主要出现在每一个三角洲生长小旋回的底部，厚度较薄，由灰黑色和黑色泥岩夹少量粉砂岩薄层组成，富含炭质碎屑，向上粉砂含量增多，厚度通常较小，为1~2m。具生物扰动构造，常含特化的双壳类动物化石并黄铁矿化，常具水平层理和均匀层理。电测曲线呈低幅齿形。该相带有机质含量丰富，也是生成油气的主要相带。

三、湖泊沉积

在地质历史时期里，湖泊沉积是一种比较重要的类型，在我国各种新生代的盆地里都有广泛的发育。川南地区湖泊体系主要发育于区内的南溪大观剖面、富顺茅桥剖面及众多钻井须一、三、五及须六段2亚段地层中。在川南地区，根据湖泊的水深和沉积物特征可进一步划分为滨湖和浅湖两个亚相（见图3-13）。在纵向演化上，表现为与三角洲沉积呈韵律互层。

（一）滨湖亚相

滨湖地区的水动力条件比较复杂，受拍岸浪和回流的作用，湖水对其沉积物的改造和冲洗都非常强烈。洪水位与枯水位之间的极浅水区暴露于湖水面之上的地带，处于强烈的氧化条件和蒸发条件之下。所以滨湖相的岩石类型多，但以砂岩和粉砂岩为主，砂岩的成熟度高，碎屑的磨圆度和分选性都比较好。砂岩中石英含量高，碎屑磨圆度和分选性较好，说明受到湖浪的反复簸选作用。所夹细碎屑岩石中可见到少量的植物根茎化石和碎片，发育交错层理，包括冲洗交错层理及板状交错层理。由于河道的摆动变化，河道入湖处的位置往往变化频繁，故在该地区滨湖亚相不发育，更多的情况是以三角洲前缘-浅湖的过渡替代了滨湖亚相。

1. 滨湖砂滩

滨湖砂滩岩性为紫灰、黄灰色粉细粒石英砂岩和岩屑石英砂岩(图 3-13)。碎屑颗粒呈次棱至次圆状，分选较好，颗粒支撑。砂体厚度较稳定，有时底部发育细砾岩，具底冲刷、低角度板状交错层理，中小型交错层理、浪成沙纹层理、平行层理以及双向交错层理，含钙质结核和虫迹。

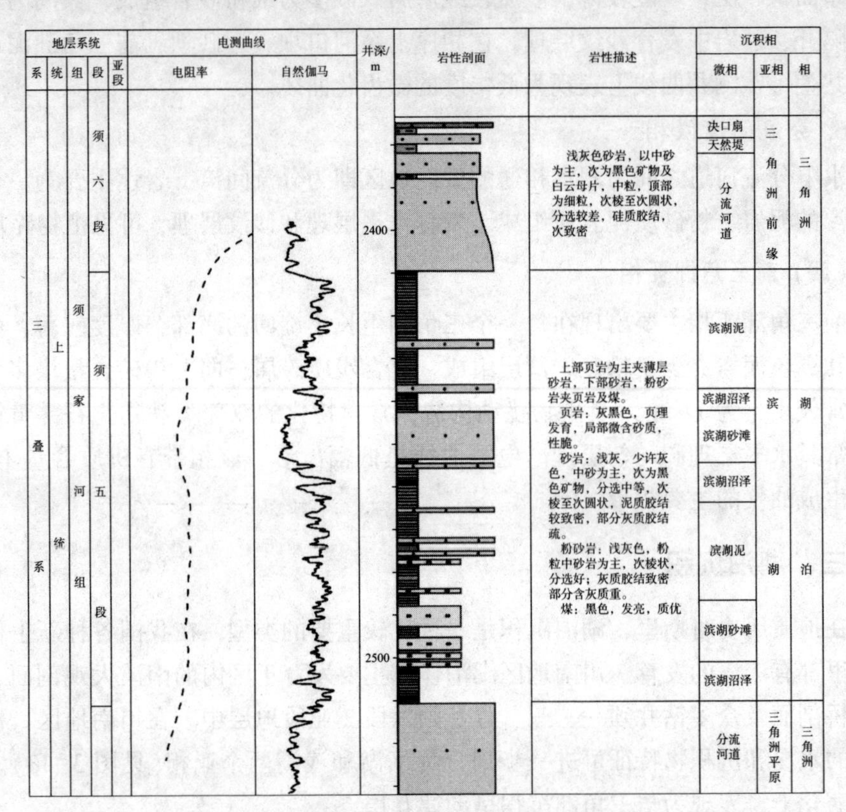

图 3-13　川南 Yin21 井 T_3x_5段滨湖沉积序列

2. 沼泽化湖

沼泽化湖是湖泊发育某时期被淤泥沉积成极浅水区或位于湖泊边缘或湖泊极浅水的某一部分，因气候潮湿，有利于大量的木本植物生长，植物死亡后堆积大量的树枝，在还原环境经腐烂、压实而成煤层。煤的压实系数极大，堆积 1m 厚的木材仅能变成 1cm 厚的煤层(图 3-13)。一般沼泽亚相的沉积物以煤为主，可夹暗色泥岩，有大量的植物根须和植物化石。

3. 滨湖泥

滨湖泥色较杂，一般以黄绿色和灰黑色泥岩为主夹粉砂岩，含少量砂质和钙质结核，具沙纹层理和断续水平层理这一系列代表水动力条件较弱的沉积构造(图 3-13)。

（二）浅湖亚相

浅湖带发育于滨湖沉积带以下到浪基面以上的地区。水动力条件主要是波浪和湖流的作用，以粉砂岩沉积为主，发育有瓣鳃、腹足、介形虫和鱼类等生物和生物钻孔，具水平纹理、波状层理及块状层理。浅湖亚相因以泥岩为主，故测井曲线——自然伽马和电阻率曲线常为直线形、微齿直线形，若夹粉砂岩薄层，则呈指形(见图 3-14)。

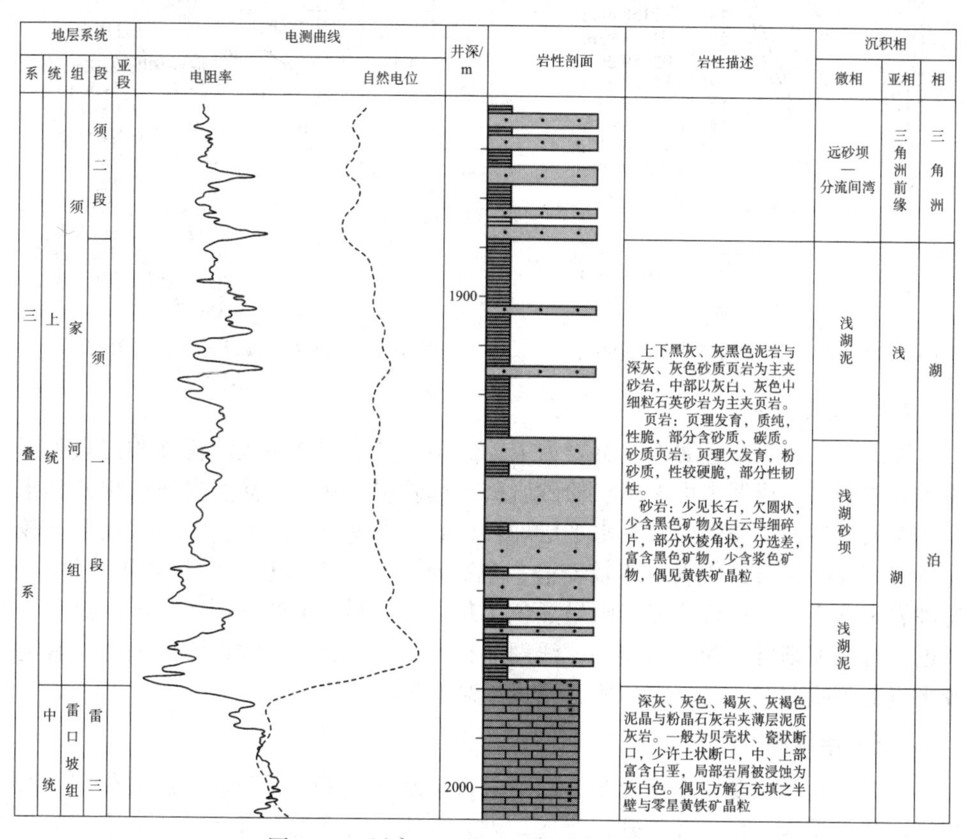

图 3-14　川南 T12 井 T_3x_1段浅湖沉积序列

1. 浅湖砂坝微相

浅湖砂坝位于浅湖范围内，由波浪带来的砂堆积而成为水下高地，此区水动力强，以波浪作用为主，粒度分析直方图具有突出的单峰，累积曲线较陡；粒度概率图多为三段式，局部可见多段式，具有跳跃次总体发育，悬浮次总体较少或几乎没有等特点；并且跳跃总体的斜率大、分选好，可分为两个次总体，反映了存在有冲刷回流现象(图 3-15)。CM 图较为特征，浅湖砂坝的 CM 位于 QR 段与 RS 段的交汇部位，反映了较细粒的粉砂岩沉积物遭受波浪反复淘洗的沉积过程(图 3-16)。颗粒的圆度较好，以次圆状颗粒为主，次棱角状、棱角状颗粒较少见，具有较高的结构成熟度。沉积物的成分和结构成熟度较高，以砂为主，泥少，砂岩中填充物多为化学胶结物——钙质、硅质或淀绿泥石，砂岩孔渗一般较好，常可成为好的储层。

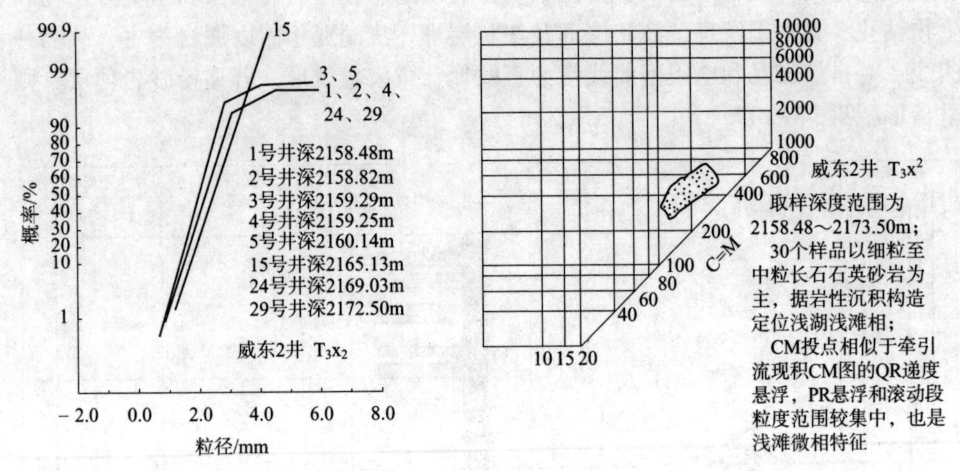

图 3-15　WD2 井浅湖砂坝概率曲线　　　图 3-16　WD2 井浅湖砂坝的 CM 图

2. 浅湖泥微相

以深灰色及灰黑色泥岩、页岩为主，偶夹条带状或斑块状的粉砂质泥岩和泥质粉砂岩薄层。浅湖中可夹席状粉砂岩，或远砂坝粉砂岩，甚至夹河口坝砂和水下分支河道砂岩。泥岩中常见水平层理，粉砂岩中见对称波痕。泥岩层面上有较完备的植物叶化石，代表水体较安静，也有动物钻孔被灰色粉砂岩充填。泥岩、粉砂岩中含炭质，有机质多，则呈黑色、灰黑色，利于生油气，所夹砂岩离生油岩近，有孔隙则可成为好的储层。浅湖亚相因以泥岩为主，故自然伽马曲线常为较平直的等幅曲线，若夹有砂质，则可成高幅波状曲线。

(三) 半深湖亚相

半深湖亚相主要发育于浪基面以下的近浪基面地带，无明显的波浪作用。沉积物由黑色泥岩、页岩及粉砂岩组成。测井曲线上表现为平行于基线的直线或指状直线形为特征。

第三节　岩相古地理特征及演化

一、沉积相平面展布特征

在单井相研究的基础上，进行剖面相研究，进而系统编制了晚三叠世须家河组各段、亚段的岩相古地理图，从而揭示了川南地区不同时期的沉积格局和古地理面貌。这些古地理图表明川南须家河在区域上以发育三角洲沉积体系和湖泊沉积体系为特征，而各段均具有不同的沉积特征。下面就各时期的特征及演化分别进行论述。

（一）T_3x_1段沉积期岩相古地理特征及演化

在早印支运动的抬升作用下，早三叠世闭塞海结束，海水退出上扬子地台，从此大规模海侵基本结束，代之以四川盆地为主体的大型内陆盆地开始出现，是由海相沉积转化为陆相沉积的重要转折时期。在该时期，海水退出全区，川南地区结束海洋沉积，开始陆相沉积环境。川南地区主要为滨湖沉积环境。总体发育3个滨湖砂坝，分别分布在川南兴隆场地区的X18井—X5井附近，主要呈东西向的长垣状分布；川南地区西部M4井附近，呈东北—西南方向的长垣状分布；研究区T9井附近，呈东北—西南方向的长垣状分布。各个砂坝的侧向连续性较差，垂向上比较薄，为孤立的砂滩(图3-17)。

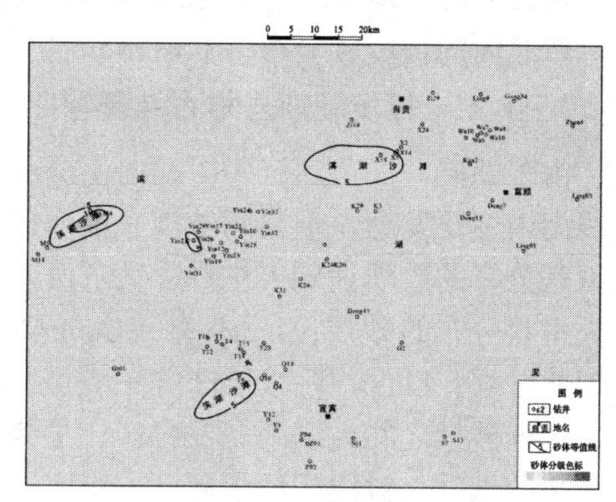

图3-17　川南T_3x_1段沉积相平面图

川南地区除以上3个滨湖砂坝之外，其余地方为滨湖泥沉积，主要以泥岩、粉砂岩等细粒物质沉积为特征，局部发育沼泽化湖，它们对滨湖砂坝有很强的分隔作用。

（二）T_3x_2段沉积期岩相古地理特征及演化

该时期由于湖退，三角洲沉积由南向北进入川南地区，使得该区域在该期呈现出由北向南依次为三角洲前缘—浅湖的沉积格局。

川南地区该时期位于M14井—M4井—Yin24井—Yin23井—K29井—G2井—S13井以南发育三角洲前缘，以北主要发育浅湖砂坝、浅湖泥。

该时期三角洲前缘主要发育两条水下分流河道，其一位于西南部的T12井—T1井—Yin31井—Yin19井—Yin12井一线，外延包括Gt1井附近、Yin31井附近、Yin21近附近、Yin23井附近，其中以T12井—T1井—Yin31井—Yin19井—Yin12井为主水道，Gt1井方向分出两条支流，但Gt1井方向延伸较短，河道的末端形成朵状的河口坝，主水道在观音场地区结束，河道的末端形成朵状的河口坝。

其二位于川南地区南部的中部地区的赵场地区的Z1、Z2、Z4附近，向北部延伸，主水道分流为左右两支。左支向Deng45井方向延伸，河道外延为朵状的河口坝；右支向观2井方向延伸，且在河道结束的末端为朵状的河口坝。

在水下分流河道延伸的地方发育大面积的河口坝，其中主要发育在Gt1井西北部。Yin17井—Yin45井北部，Deng45井北部，G2井北部、东部，均发育右朵状的河口坝。

在三角洲前缘水下分流河道与河口坝之间为分流间湾沉积，以泥岩和粉砂岩沉积为主，在侧向上也对水下分流河道砂体有分隔作用。

该期共发育 3 个浅湖砂坝，分别位于 Zi19 井—X18 井—X5 井—X2 井—X4 井—Zi29 井—Ling9 井—Gong34 井一线，呈东西向的长垣状分布；Kan2 井附近，也呈东西向的长垣状分布；位于川南地区西部的 Ling3 井—Ling1 井一线，呈西南—东北向的长垣状分布(图 3-18)。

(三) T_3x_3段沉积期岩相古地理特征及演化

由于湖侵，三角洲沉积由北向南全部退出全区，全区主要发育湖泊沉积。在滨浅湖中主要发育 5 个滨湖砂坝，由西向东分别为 M14 井—M5 井一线附近，呈长垣状分布的砂坝；Y12 井附近呈东西向的长垣状砂坝；K29 井—K24 井呈东西向长垣状分布的砂坝；Ling9 井—Gong34 井—Zhen8 井一线呈北西—南东方向的长垣状砂坝；Ling1 井—Ling3 井一线呈西南—东北的长垣状砂坝。

浅湖砂坝之间为滨湖泥发育区，主要以泥岩、泥质粉砂岩和粉砂岩为主，夹有少量的细砂，对浅湖砂坝起到了很大的分隔作用(图 3-19)。

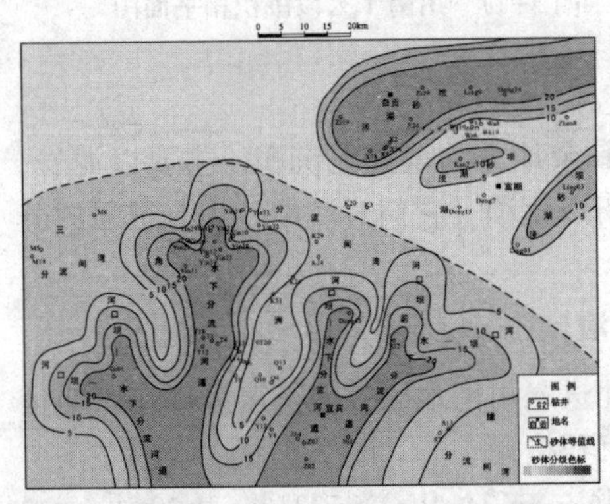

图 3-18　川南 T_3x_2段沉积相平面图

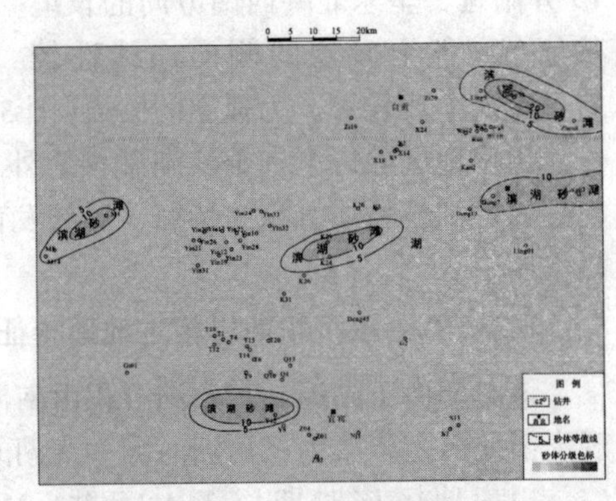

图 3-19　川南 T_3x_3段沉积相平面图

(四) T_3x_4段沉积期岩相古地理特征及演化

该期由于湖退，三角洲沉积从南边再次进入川南地区，使全区发育三角洲平原、三角洲前缘沉积。在 Gt1 井偏南部—Q10 井—Q13 井—Deng45 井—G2 井以南为三角洲平原；在 Gt1 井偏南部—Q10 井—Q13 井—Deng45 井—G2 井以北为三角洲前缘沉积。

该期主要共发育 3 条河道，其一位于研究区的西南角，该河道再以塔场为界分为左右两支，其中一支沿 T9 井—T20 井—K31 井—K29 井—X18 井一线，通过三角洲平原的分流河道逐步过渡为三角洲前缘的水下分流河道，再到水下分流河道最远端的朵状河口坝；另一支沿 Yin31 井方向，延伸不远，结束于 Yin21 井以西、M4 井以东地区，河道远端也为朵状河口坝。

其二位于川南地区的南部、中部，沿 Y8 井—Deng45 井—Deng15 井—Kan2 井—Wa9 井一线，通过三角洲平原的分流河道逐步过渡为三角洲前缘的水下分流河道，再到水下分流河道最远端的朵状河口坝。

其三位于川南地区东南角，沿 S7 井—Ling1 井—Deng7 井—Wa9 井一线，通过三角洲平原的分流河道逐步过渡为三角洲前缘的水下分流河道，再到水下分流河道最远端的朵状河口坝，与位于南部、中部的河道在三角洲前缘交汇成一条河道，最后在瓦市地区结束，远端为朵状的河口坝。

三角洲平原的分流河道之间为泛滥平原和分流间洼地沉积区，即在川南地区的西南角和东南角为泛滥平原，三条分流河道之间为洼地。川南地区的 Nj1 井—G2 井一线为三角洲平原的洼地区，三角洲前缘的水下分流河道之间为分流间湾沉积区，侧向上，它们对分流河道和水下分流河道具有强烈的分隔作用。

由于该时期湖盆收缩，物源供给充足，导致该地区为大面积的三角洲沉积，只是在研究区西部砂体较薄，靠北边为三角洲前缘的分流间湾(图 3-20)。

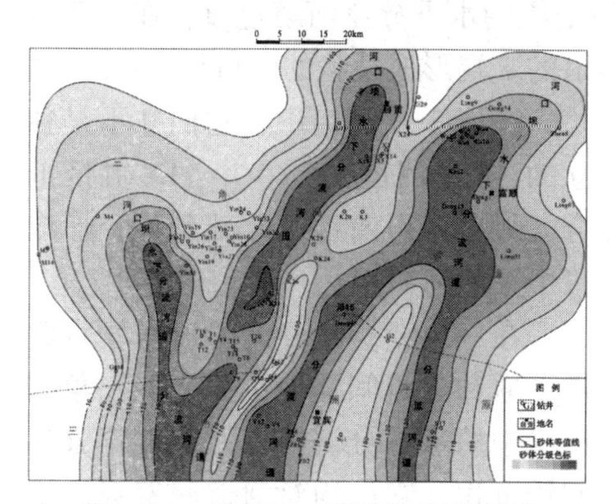

图 3-20　川南 T_3x_4段沉积相平面图

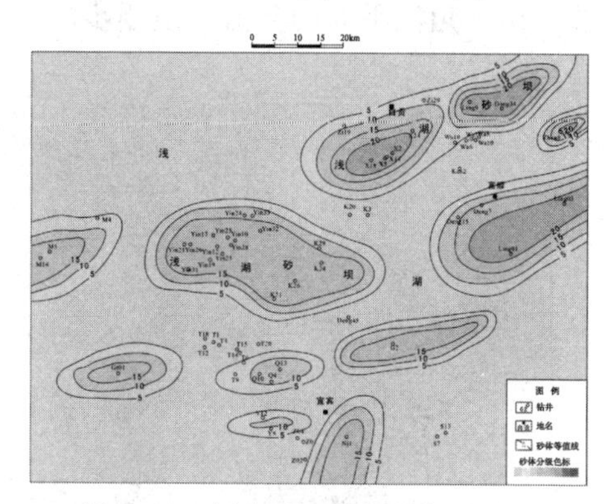

图 3-21　川南 T_3x_5段沉积相平面图

(五) T_3x_5段沉积期岩相古地理特征及演化

该期由于进一步湖侵，三角洲沉积退出全区，川南地区被湖泊沉积占据。该期总体为浅湖沉积，仅在川南地区的西北角发育浅湖沉积。在滨湖沉积中以滨湖砂坝、沼泽化湖和滨湖泥沉积为特征。

该期发育 9 个滨湖砂坝，主体均呈现南北向长恒状展布，分别分布在 M14 井—M5 井井区、Gt1 井井区、Y8—Y12 井区、T9—Q10—Q13 井井区、观音场地区—K31 井—K24 井井区、G2 井区、兴隆场地区、Deng15 井—Deng7 井—Ling1 井—Ling13 井井区、Ling19 井—Gong34 井—Zhen8 井井区，均呈长垣状分布。除此之外，在 Nj1 井附近，可能有三角洲前缘的出露，说明该时期三角洲在该地区没有完全消失。

滨湖沉积区的沼泽化湖和滨湖砂滩之间为滨湖泥沉积区，对滨湖砂滩起到了很强的隔离作用(图 3-21)。

（六）$T_3x_6^1$段沉积期岩相古地理特征及演化

由于湖退，三角洲沉积由南至北进入川南地区，该区发育三角洲平原、三角洲前缘沉积，湖泊在该时期基本上消失。与须二和须四段各期的沉积格局基本一致。在 Gt1 井 T18 井—Deng45 井—Ling1 井以南为三角洲平原，以北为三角洲前缘。

该区域共发育 3 条河道，其一位于川南地区的西南角，沿 T12 井—T18 井—Yin31 井—Yin21 井延伸至川南地区的最北端，由三角洲平原的分流河道逐步向三角洲前缘的水下分流河道过渡，同时在这条主水道的基础上向西部发育了一条分水道，沿 M4 井—M5 井—M14 井区。向东沿 Yin23 井—Yin28 井—Yin32 井一线发育了另外一条分水道，该水道与其他两条主水道汇合。

其二位于川南地区中南部，该河道沿 Y8 井—Y12 井—Kong3 井一线，由三角洲平原的分流河道逐步向三角洲前缘的水下分流河道过渡。

其三位于川南地区东南角，由南向北展布，沿 S7 井—S13 井—Kong3 井一线，由三角洲平原的分流河道逐步向三角洲前缘的水下分流河道过渡，在分流河道的末端形成朵状的河口坝。

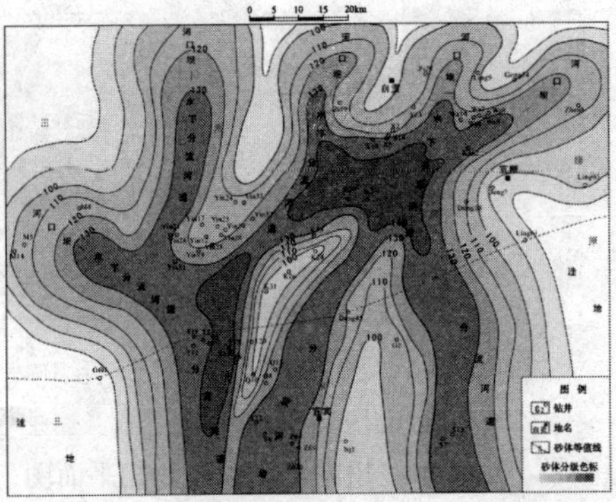

在该 3 条河道中，它们并不是独立的，3 条河道在 K20 井、K3 井区汇合，最后向川南地区北部延伸，形成三个朵状河口坝。

在三角洲平原分流河道间发育泛滥平原和分流间洼地沉积，在三角洲前缘中的水下分流河道之间发育分流间湾沉积，它们均对河道起着强烈的分隔作用。

图 3-22　川南 $T_3x_6^1$段沉积相平面图

由于该时期湖水收缩太大，所以该时期没有湖泊相发育，也没有砂坝的发育（图 3-22）。

（七）$T_3x_6^2$段沉积期岩相古地理特征及演化

该期由于进一步湖侵，三角洲沉积基本上全部退出全区，只在 G2 井—Nj1 井一线发育有三角洲前缘，川南地区总体被湖泊沉积占据。该期总体为浅湖沉积，以浅湖砂坝、沼泽化湖和浅湖泥沉积为特征。

该时期发育有 12 个浅湖砂坝，分别分布在 Y12 井—Y8 井区，呈点状砂坝；T18 井—T12 井—T14 井—T6 井—Q10 井—Q4 井区，呈新月形分布；观音场地区，呈葫芦形状分布；K3 井—K26 井—K29 井—K20 井地区，呈西南—东北的长垣状分布；Deng45 井区；S13 井区；Zi19 井区；X5 井—X24 井—Zi29 井区，呈西南—东北的长垣状分布；Kan2 井—Wa10 井—Wa8 井—Ling9 井—Gong34 井区，呈西南—东北的长垣状分布；Deng7 井区；Zhen8 井区；Ling3 井区。

除此之外，川南地区中南部沿东北方向 Nj1 井—G2 井一线发育有三角洲前缘的水下分流河道，说明该时期除了湖泊外，三角洲沉积没有完全消失。

在浅湖沉积区的沼泽化湖和浅湖砂滩之间为滨湖泥沉积区，对浅湖砂滩起到了很强的隔离作用(图 3-23)。

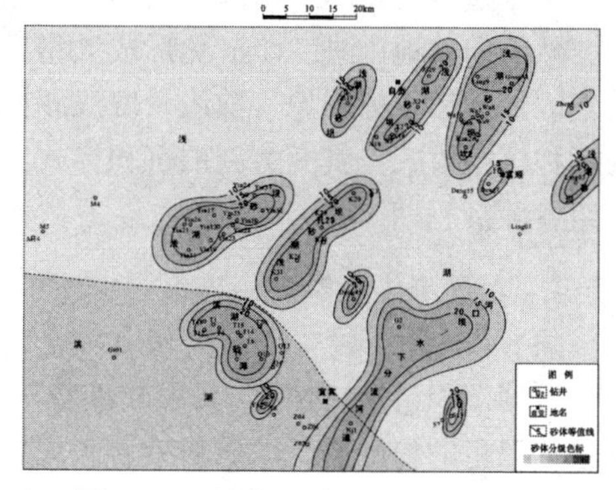

图 3-23　川南 $T_3x_6^2$段沉积相平面图

(八) $T_3x_6^3$段沉积期岩相古地理特征及演化

由于湖盆收缩，三角洲沉积由南至北进入川南地区，该区域发育三角洲前缘沉积，湖泊在该时期基本上消失，沉积格局与须二和须四段各时期基本一致。

该时期，本区主要发育 4 条河道，其一，位于川南地区西南角，沿 Gt1 井—Yin31 井—Yin21 井—Yin26 井—Yin29 井—Yin17 井一线，在这条主河道的基础上，沿 M14 井—M4 井区发育有分支的河道，在观音场地区又与其他河道连通。

其二，位于中部偏西的地区，沿 Y8 井—Y12 井—Q4 井—Q10 井—T9 井—T15 井—K31 井—K26 井—K29 井一线，并且在河道的前端与其他河道汇合，形成群状、朵状的河口坝。

其三、该河道沿 Nj1 井—G2 井一线，与 S7 井—S13 井—G15 井一线的河道交汇，该地区形成的 4 条河道在 M14 井—Yin21 井—Yin29 井—Yin4 井—Yin32 井—K29 井—K20 井—K3 井—Deng15 井—Deng7 井—Ling3 井一线的地区形成围裙状的交汇，并在远端形成朵状的河口坝。

在三角洲前缘中的水下分流河道之间发育分流间湾沉积，它们均对河道起着强烈的分隔作用。由于该时期湖水收缩太大，所以该时期没有湖泊相发育，也没有砂坝的发育(图 3-24)。

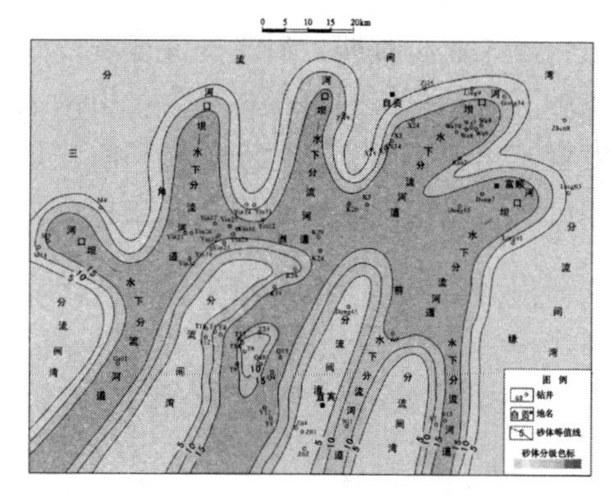

图 3-24　川南 $T_3x_6^3$段沉积相平面图

二、沉积模式

沉积模式是一种由现代和古代沉积特征和理论综合概括的产物。根据上述沉积相类型、特征及时空演化特征分析，可以看出川南地区沉积环境变化复杂，但变化很有规律。川南地区物源来自南方的黔中隆起和位于西南方的康滇古陆(高红灿，2007)，山脉向平原过渡带形成冲积扇，扇体不断向前推进，在平原地带发育河流沉积体系，然后向盆地内进一步演化形成大型三角洲沉积体系，继续向前推进入湖。川南地区处于三角洲平原、前缘及滨浅湖位置，总体上可将川南须家河组沉积归纳为两种沉积模式：其一为湖泊沉积模式，其二为三角洲沉积模式，分别发育须家河组各段沉积期。

(一) 湖泊沉积模式

须一段~须三段、须五段和须六段2亚段以此模式为主要沉积特征，发育滨湖和浅湖沉积(图3-25)。其中较细粒沉积物的滨湖泥和浅湖泥主要以灰色、浅灰色和黑色的粉砂岩、泥质粉砂岩和泥岩以及煤沉积为特征，发育波状层理、沙纹层理、水平层理，在滨湖较局限的水域发育沼泽化湖，以煤岩沉积为特征；较粗粒沉积的滨湖砂坝和浅湖砂坝以灰色和深灰色的中细砂岩和粉砂岩沉积为特征，发育双向交错层理、粒序层理。

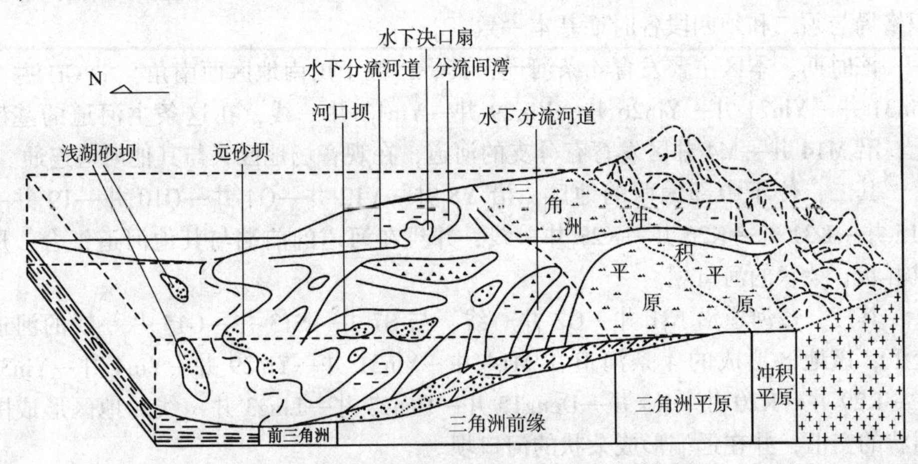

图3-25 川南须家河组湖泊-三角洲沉积模式图

(二) 三角洲沉积模式

须二段、须四段、须六段1亚段和须六段3亚段时期，河流推进至滨浅湖形成三角洲沉积，从而在川南地区发育三角洲沉积。总体的沉积格局为：川南地区南部以三角洲沉积为主，从南向北依次发育三角洲平原、三角洲前缘和前三角洲亚相；北部地区发育分流间湾和浅湖亚相沉积，以浅湖砂坝和浅湖泥微相沉积为特征。其沉积模式如图3-25所示。

第四章　低渗透储层特征研究

第一节　储层四性特征

一、岩石学特征

砂岩储集性能的好坏，不仅直接受其物质组分和组构的影响，还在很大程度上受沉积微相类型和成岩后生变化的影响。因此，砂岩储集层的岩石学特征是研究储层成岩后生变化、孔隙结构及储层特征的主要依据。

在众多岩石薄片鉴定及有关测试资料综合分析的基础上，对川南须家河组储集砂岩的岩石学特征进行了详细的分析。

（一）岩石类型

川南须家河组储集层为一套成分成熟度和结构成熟度都较高的陆源碎屑岩。成分成熟度高表现在石英含量高，而长石、岩屑含量低，成分成熟度指数(石英/长石+岩屑)一般为2.0~3.0，最高可达7.0以上。结构成熟度高表现在碎屑颗粒分选、磨圆较好，粒度较细(主要为中细砂)，杂基含量较少。成熟度高表明沉积物经历了较长距离搬运和缓慢堆积的沉积过程。

根据铸体薄片鉴定结果，川南须家河组主要储集层($T_3x_6^3$段、$T_3x_6^1$段、T_3x_4段)岩石类型以岩屑长石砂岩和长石岩屑砂岩为主，次为岩屑砂岩，再次为岩屑石英砂岩，少量长石砂岩、长石石英和纯石英砂岩[图4-1(a)]。石英绝对含量一般为65%~75%，长石含量为5%~25%，岩屑含量为10%~30%。川南$T_3x_6^3$段储集层岩石类型以岩屑砂岩和岩屑石英砂岩为主，次为长石岩屑砂岩和长石石英砂岩，极少量石英砂岩[图4-1(b)]；$T_3x_6^1$段储集层岩石类型以岩屑长石砂岩和长石岩屑砂岩为主，次为长石石英砂岩和岩屑砂岩，极少量的岩屑石英砂岩[图4-1(c)]；T_3x_4段储集层岩石类型以岩屑长石砂岩和长石岩屑砂岩为主，次为岩屑石英砂岩和长石石英砂岩[图4-1(d)]。纵向上储层岩性特征变化较明显，T_3x_6段石英和长石含量明显低于T_3x_4段，而岩屑和杂基含量高于T_3x_4段，表明物源有逐渐推近过程。

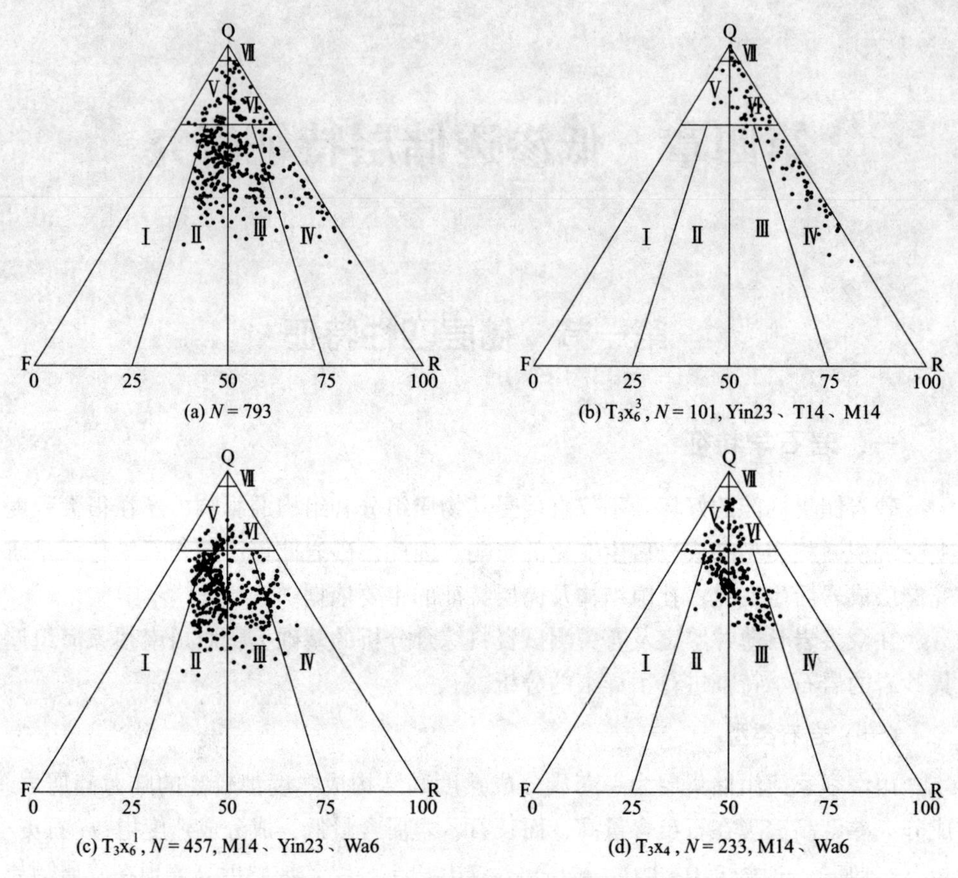

图 4-1　川南须家河组岩石类型三角图

采用曾允孚的砂岩分类标准(1986)；Ⅰ—长石砂岩；Ⅱ—岩屑长石砂岩；Ⅲ—长石岩屑砂岩；Ⅳ—岩屑砂岩；Ⅴ—长石石英砂岩；Ⅵ—岩屑石英砂岩；Ⅶ—石英砂岩

（二）碎屑颗粒特征

1. *石英*

碎屑石英主要由单晶石英组成，并含少量燧石或石英岩。石英颗粒一般呈次棱角—次圆状，分选中等偏好，常具次生加大边，部分岩石受强压实作用，石英具缝合线接触。

2. *长石*

长石类型多为钾长石，而斜长石较少。该区的长石普遍具有水化现象，以水云母化最为强烈。部分长石蚀变成水云母，仍保持长石颗粒外形，长石颗粒内部常沿解理缝或破裂缝发生溶蚀，形成粒内溶孔，成为川南地区主要的孔隙类型之一。

3. 岩屑

砂岩中岩屑组分较为复杂，含量较高。岩屑成分一般以沉积岩岩屑和浅变质岩岩屑为主，有少量岩浆岩岩屑。变质岩岩屑以浅变质的千枚岩、变质粉砂岩和泥板岩岩屑较为常见，少量片岩岩屑。沉积岩岩屑多为泥岩、粉砂岩屑，部分砂岩中见灰岩屑、菱铁矿内碎屑及白云石矿屑。受成岩作用影响，较软的塑性岩屑常受挤压变形呈假杂基状。岩浆岩屑常见中-酸性火山岩屑，少量中-碱性火山岩屑。岩屑中的长石常被溶蚀，形成粒内溶孔。常见泥板岩岩屑、千枚岩岩屑水化蚀变成水云母。

（三）填隙物特征

填隙物包括杂基及胶结物两类。黏土矿物是填隙物重要的组成部分，含量一般小于5%，X射线衍射分析黏土矿物绝对含量为0.65%～4.95%（见表4-1），主要由高岭石、绿泥石和伊利石组成。其中高岭石含量为43.0%～79.0%，主要出现在瓦市构造$T_3x_6^3$与$T_3x_6^1$段、麻柳场构造$T_3x_6^3$与$T_3x_6^1$段上部及观音场构造$T_3x_6^3$段，其他层位未见；绿泥石含量为9.0%～74.0%，随深度变深，其含量存在增加的趋势；伊利石含量为11.0%～65.0%，其也存在随深度变深，含量增加的趋势；伊/蒙混层含量仅为少量，含量为2%～12%，混层中的蒙脱石含量约10%。

表4-1　黏土矿物X射线衍射分析表

井号	井深/m	层位	黏土矿物绝对含量/%	绿泥石含量/%	伊利石含量/%	高岭石含量/%	伊/蒙混层含量/%	混层中蒙脱石含量/%
M14	1040.6	$T_3x_6^1$	0.79	11	24	65		
M14	1088.32		1.94	52	48			
M14	1147		0.7	74	26			
M14	1286.3	T_3x_4	0.65	49	51			
M14	1324.28		0.95	63	37			
Wa6	1082.2	$T_3x_6^1$	2		15	73	12	10
Wa 6	1085.5		4.95		26	74		
Wa 6	1088.01		2.05		46	52		70
Wa 6	1097.22		2.3		27	71	2	10
Wa 6	1099.7		4.15		11	79	10	10
Wa 6	1123.1		4.55	12	40	48		
Wa 6	1136.5		4.10	10	17	73		
Wa 6	1141.2		3.30	9	18	73		
Yin23	2080.19	$T_3x_6^3$	4.00	21	36	43		

续表

井号	井深/m	层位	黏土矿物绝对含量/%	绿泥石含量/%	伊利石含量/%	高岭石含量/%	伊/蒙混层含量/%	混层中蒙脱石含量/%
Yin 23	2213.7	$T_3x_6^1$	2.9	45	55			
Yin 23	2219.95		2.9	44	56			
Yin 23	2245.5		3.4	47	53			
Yin 23	2252.3		2.8	39	61			
Yin 23	2312.3		4.05	35	65			
Yin 23	2330.1		2.40	42	58			

通过岩石扫描电镜分析，自生高岭石黏土晶体粗大、干净，充填于次生粒间孔或长石溶孔中，扫描电镜下呈六边形晶片，集合体呈书页状或蠕虫状，最常见的产状是充填粒间孔隙。绿泥石呈叶片状附着于碎屑颗粒表面或充填于粒间孔，其晶间孔隙一般较发育。自生片状伊利石，其片状晶体发育好，呈丝状或网状产出，局部也见到呈孔隙衬边形式产出的自生伊利石。

二、储集砂岩的物性特征

根据川南须家河组 6 口井 890 个样品岩心物性分析资料，川南须家河组岩心平均孔隙度 5.4%，平均渗透率 $0.54\times10^{-3}\mu m^2$，50%左右样品孔隙度小于 5%，65%左右的样品渗透率小于 $0.1\times10^{-3}\mu m^2$[图 4-2(a)]，其中 $T_3x_6{}^3$段 85%左右样品孔隙度小于 5%，90%左右的样品渗透率小于 $0.1\times10^{-3}\mu m^2$[图 4-2(b)]，$T_3x_6^1$段 45%左右样品孔隙度小于 5%，55%左右的样品渗透率小于 $0.1\times10^{-3}\mu m^2$[图 4-2(c)]，T_3x_4 段 50%左右样品孔隙度小于 5%，70%左右的样品渗透率小于 $0.1\times10^{-3}\mu m^2$[图 4-2(d)]，按中石油天然气集团公司 2003 年碎屑岩储层分类标准(汪泽成等，2002)，属低孔特低渗储层。

三、电性特征

川南须家河组储层均表现为低自然伽马、中低电阻率的电性特征。自然伽马值一般小于 70API，大多为 40～60API，电阻率值多在 10～100Ω · m，且砂岩的电阻率与页岩相当或略高一些，这说明川南地区砂岩较致密，物性相对较差。川南地区部分井 $T_3x_6^2$段中的砂岩夹层，砂岩电阻率很高，究其原因可能与其沉积环境有关(魏钦廉、肖玲、李康悌，2007)。以 Yin23 井为例，$T_3x_6{}^2$期该井属于浅湖砂坝沉积，粒度较细，可能有化学胶结作用，从而高阻特征明显，但这类砂体分选、磨圆较好，砂岩较纯，且与烃源岩相邻，易形成岩性油气藏，但油气藏范围有限(图 4-3)。

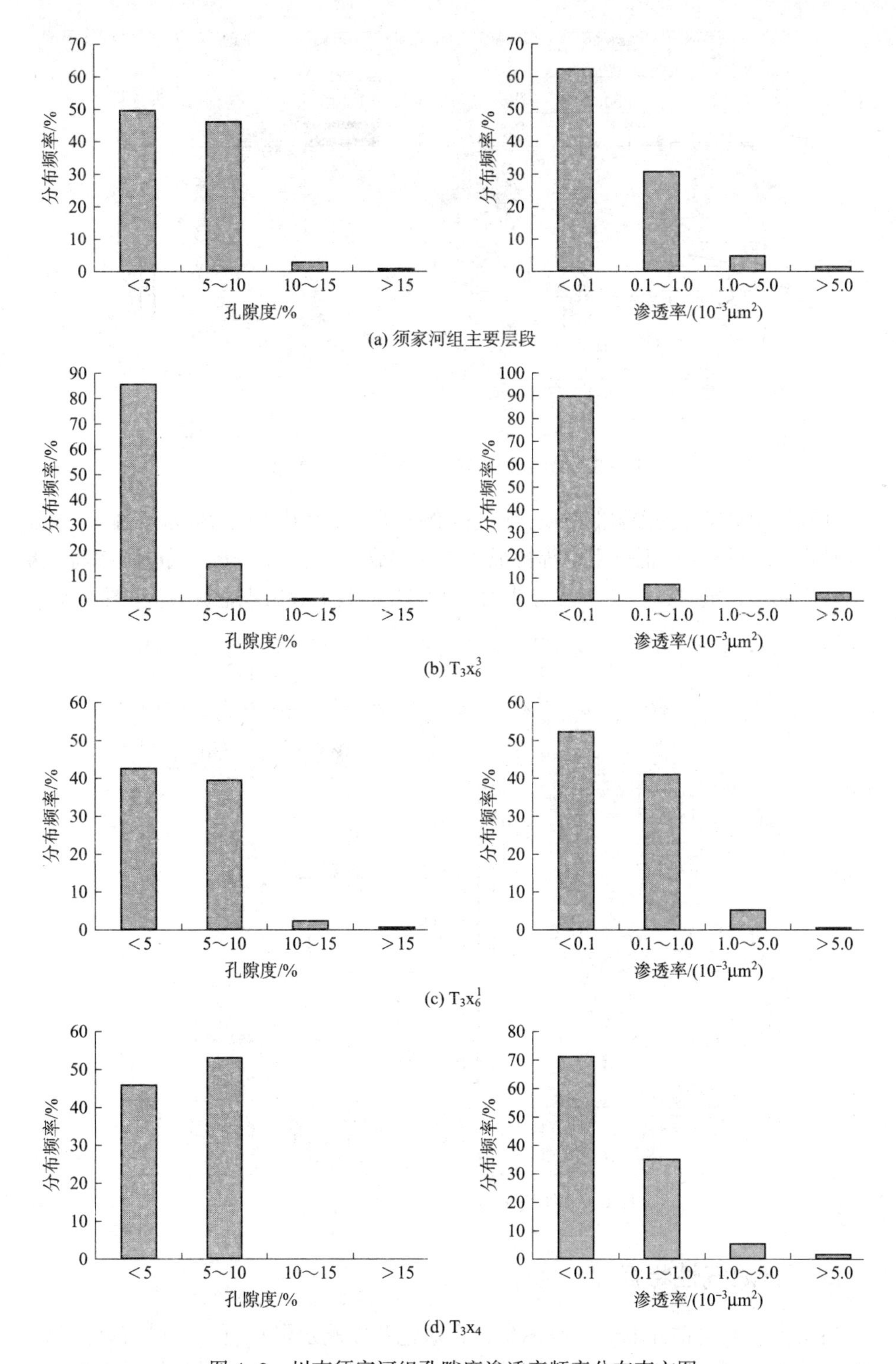

图 4-2　川南须家河组孔隙度渗透率频率分布直方图

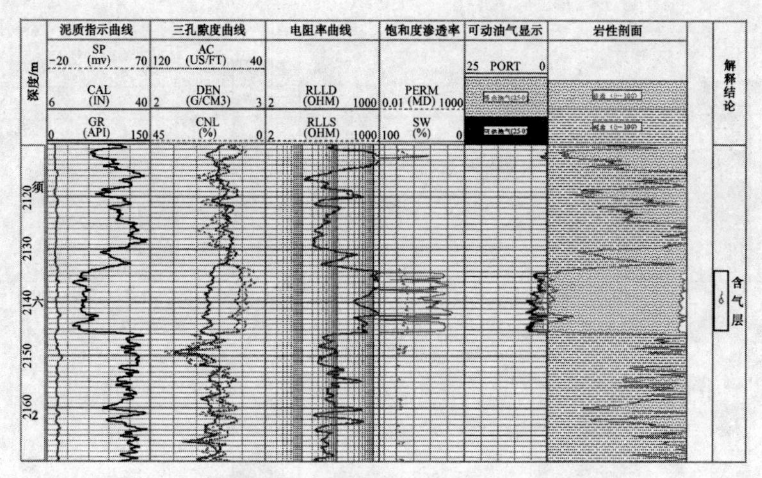

图 4-3　储层电性特征图(Yin23 井，$T_3x_6^2$)

在孔隙相对发育的砂岩储层段，在综合测井曲线上往往表现为低自然伽马、较高声波时差、较高中子、低电阻率等特征。在储层含水时，高中子、低电阻率特征更为明显。储层含气时，补偿声波与补偿中子测井曲线上会出现挖掘效应(图 4-4)。

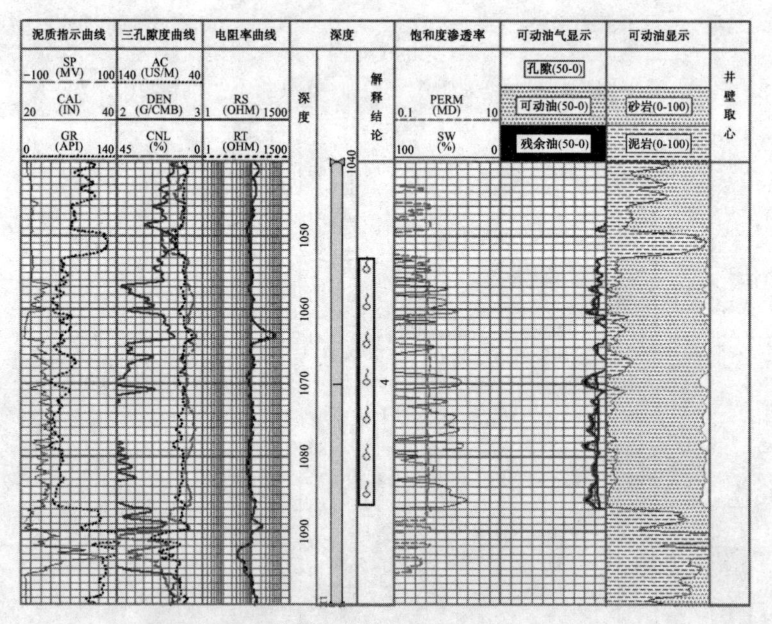

图 4-4　储层电性特征图(M7 井，$T_3x_6^1$)

四、含油气性特征

川南须家河组钻井取心资料很少，含水饱和度测定资料更少，川南地区仅麻柳场构造 M14 井有 307 个含水饱和度数据，M5 井有 18 个，大塔场构造 T18 井有

16个，观音场构造 Yin28 井有 9 个，其平均含水饱和度分别为 66.38%、76.06%、64.19%、61.14%，含水饱和度较高，但有限的数据资料不足以对川南地区的含水特征进行分析。针对川南地区资料状况及特点，现根据钻井显示、测试及生产资料对川南须家河组的含油气性进行分析。

川南地区内钻井显示频繁，显示类型多样，共有显示 54 井次。其中井喷 5 井次，井涌 24 井次，气侵 27 井次，气显示 3 井次，井漏 2 井次。横向上，观音场构造显示最多，且以井涌、气侵为主，也有井漏、放空、井喷显示，测试获工业气井 5 口；麻柳场构造显示较多，以井涌、气侵为主，也有气显示、水显示（M1 井），M8 井中测有水产出；大塔场、青杠坪构造显示相对于观音场、麻柳场较少，也以井漏、井涌、气侵为主，T1 井产气无地层水产出。纵向上，观音场、麻柳场构造的显示集中分布于 T_3x_6段，其次是 T_3x_4段，其余构造因显示相对较少，无明显的纵向分布规律。

综合川南地区钻井油、气、水显示特征、测试及生产情况，分析认为：川南须家河组气显示较频繁，水显示不明显（仅 M1 井、T_3x_4段，1234.0~1243.0m，钻井显示为水浸；M8 井中测产水 10.17m^3），在构造圈闭线以内以产气为主。

第二节　孔隙结构特征

储层孔隙结构是指岩石所具有的孔隙和喉道的大小、形状、分布及相互连通关系。

一、储集空间类型及孔隙分布

（一）孔隙类型

川南须家河组储集砂体主要为岩屑长石砂岩和长石岩屑砂岩，在漫长的成岩作用过程中，砂岩储层经历强烈的压实和压溶作用，碎屑颗粒尤其是石英和长石相互嵌合，并伴有不同程度的石英再生长，致使原生粒间孔隙大量消失。须家河组储层成岩作用过程中在原生孔隙内形成以方解石、铁方解石为主的自生矿物，并以胶结物形式充填孔隙，使砂岩原生粒间孔隙大大减小。通过详细的岩心观察、薄片观察、扫描电镜分析统计发现，川南须家河组储层主要发育粒间孔、粒内溶孔、铸模孔、晶间微孔、粒缘缝和破裂缝。

1. 粒间孔

在川南地区发育的粒间孔主要包括绿泥石环边胶结后的粒间孔隙、石英加大后的粒间孔隙、粒间溶蚀孔隙。

1）绿泥石环边胶结后的粒间孔隙

纤维状绿泥石垂直颗粒生长，形成颗粒包壳，有效地阻止石英加大，使粒间孔隙得以保存。孔隙边缘都有规则的薄的绿泥石环边，孔隙形态也较规则，一般呈三角形、四边形或多边形，孔隙较大，一般在0.05mm以上。它是储层的主要储集空间之一，常分布于好的储层中。

2）石英加大后的粒间孔隙

石英颗粒的加大边发育，但加大边并未充填满粒间孔，只是使原有的粒间孔大幅度缩小。这种孔隙形态规则，多呈三角形、四边形或多边形，孔隙边缘平直，孔隙大小中等，一般为0.01~0.1mm。该种孔隙一般发育在石英砂岩中，包括岩屑石英砂岩、长石石英砂岩，是这类岩石的主要孔隙类型。

3）粒间溶蚀孔隙

在原有粒间孔隙的基础上，碎屑颗粒边缘遭部分溶蚀形成。孔隙形态不规则，孔隙边缘常呈锯齿状、港湾状，孔隙也较大，一般在0.05mm以上。该种孔隙为原生和次生的混合成因，且以原生为主，因为它只是在原生粒间孔隙的基础上稍有溶蚀扩大，溶蚀扩大部分只占总孔隙空间的10%左右，这里我们仍将其归为原生孔隙的范畴。当粒间孔边缘无绿泥石环边或石英加大边时，粒间孔边缘的颗粒就会或多或少地遭受溶蚀，成为粒间溶孔。粒间溶孔为主要的储集空间之一，常和粒内溶孔混生。

2. 粒内溶孔

碎屑颗粒内部遭受溶蚀形成的孔隙，被溶蚀的颗粒主要是长石，石英和岩屑很少见溶蚀现象。因而川南地区长石溶解是形成次生孔隙的重要因素。根据薄片观察，长石溶蚀孔占次生孔隙的45%左右。长石的溶解可以形成沿长石解理面发育的小溶孔带或溶缝，也可以是长石矿物主体甚至整体被溶蚀，形成较大的粒内溶孔或铸模孔。前者大部分可以与剩余粒间孔连通成为有效溶孔，而后者尽管孔隙较大，但分布局限，仅有少量大溶孔或铸模孔与剩余粒间孔连通成为有效溶孔。

岩屑溶孔主要见于泥岩屑、中酸性火山岩岩屑、千枚岩屑等易溶岩屑。铸体薄片下长石、岩屑的粒内溶孔有孤立溶孔、粒内蜂窝状溶孔、粒内微孔。粒内溶孔较细小，一般小于0.05mm，该种孔隙也为储集层的主要孔隙类型之一。在好和较好储集层，该种孔隙一般占总孔隙的20%~40%，在较差和差储集层中，一般占总孔隙的40%~60%。

3. 铸模孔

铸模孔为碎屑颗粒被完全溶蚀形成的孔隙，只保留颗粒的外形，或仅见微量的溶蚀残余物，有时可见颗粒被溶蚀后仅保留颗粒的绿泥石黏土包壳，由长石、岩屑等彻底溶蚀形成。铸模孔在川南地区发育较好，大部分铸模孔隙为长石的板条状外形。一般在0.1mm以上，但量较少，面孔率一般不超过2%，为次要的储集空间。

4. 晶间微孔

晶间微孔主要存在于细小的黏土矿物中，常发育于粒间水云母杂基、泥质杂基中。川南地区的水云母重结晶现象普遍，由长石及岩屑蚀变，水化作用及泥质杂基重结晶充填粒间的伊利石晶间微孔可见。此外还见有泥质杂基中的微孔，泥岩屑中的微孔。微孔孔径<0.01mm，这类孔隙也是川南地区的一种常见的孔隙类型。

5. 粒缘缝

粒缘缝主要见于环边绿泥石被溶蚀后形成的沿颗粒边缘分布的微溶缝，缝宽0.01mm左右，常发育于较粗粒碎屑边缘。当环边绿泥石受到强溶蚀时，粒缘缝则呈网状分布。

6. 破裂缝

虽然在岩心上储层宏观裂缝不发育，但在显微镜下有明显的储层微观裂缝发育，这些微观破裂缝呈长条状穿越单个或数个颗粒，长度一般小于2cm，宽度小于0.01mm，破裂缝面孔率小于0.1%。破裂缝的形成与喜山期构造运动有关，褶皱强度大的地方，破裂缝发育程度较高。

因此，川南须家河组储层孔隙以经过成岩改造的粒间孔为主，粒内溶孔及晶间微孔的发育使储层性质进一步得到改善。

（二）孔隙大小分布

按照孔隙分级标准，结合Wa6井10个铸体薄片孔隙图像分析结果(表4-2)，孔隙大小及分布有3种情况。

表4-2 储层孔隙图像分析统计表

井号	井深/m	层位	孔隙度/%	渗透率/($10^{-3}\mu m^2$)	面孔率	最大孔隙半径/μm	孔隙大小分布/%			平均孔隙半径/μm	分选系数
							>50μm	50~10μm	<10μm		
Wa6	1076.49	$T_3x_6^1$	6.3	0.3	5.3	73.7	12.4	18.8	68.8	7.5	4.0
Wa6	965.11	T_3x_3	8.1	—	8.5	45.0	7.5	38.4	54.0	10.1	2.5
Wa6	1086.15	$T_3x_6^1$	8.2	1.4	8.9	68.1	15.8	36.6	47.6	11.4	2.8
Wa6	1088.95	$T_3x_6^1$	8.5	1.1	8.4	127.3	41.8	22.4	35.8	20.1	4.5
Wa6	1089.25	$T_3x_6^1$	8.5	1.6	8.1	103.9	24.2	9.9	65.5	9.7	4.3
Wa6	1089.47	$T_3x_6^1$	9.5	1.0	9.6	84.9	14.7	21.0	64.2	8.7	3.1
Wa6	1138.72	$T_3x_6^1$	12.5	4.8	12.1	129.8	50.6	23.7	25.7	31.2	4.1
Wa6	1140.66	$T_3x_6^1$	13.0	2.9	10.6	121.8	45.9	19.7	34.3	20.9	3.9
Wa6	1135.09	$T_3x_6^1$	13.3	2.5	11.0	134.9	40.7	34.0	25.2	29.7	4.6
Wa6	1143.99	$T_3x_6^1$	16.5	5.4	14.6	110.5	50.7	23.9	25.4	28.5	3.4

（1）当孔隙度小于7%时，储层最大孔隙半径一般小于60μm，平均孔隙半径小于10μm，孔隙分选好，分选系数一般小于2.5，小孔(半径小于10μm)占绝大多数，在70%左右，孔隙从大到小其含量有逐渐增大的趋势(图4-5)。

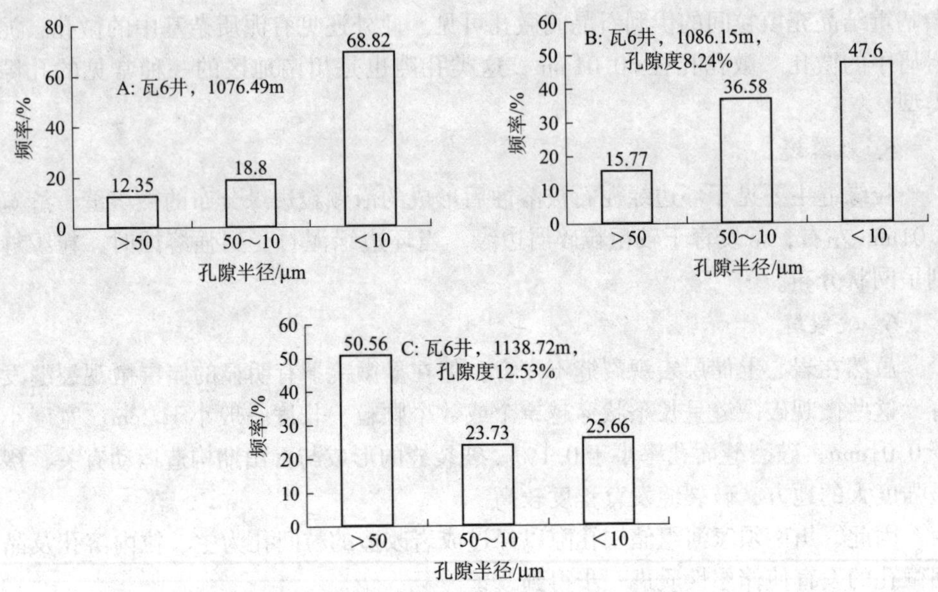

图 4-5　储层孔隙大小分布直方图(Wa6 井)

(2) 当孔隙度在 7%~10%时，储层最大孔隙半径一般为 60~120μm，平均孔隙半径为 10~20μm，孔隙分选较好，分选系数一般为 2.5~4.5，小孔含量为 40%~65%，中孔含量为 20%~40%，大孔含量为 10%~30%，孔隙从大到小其含量也有逐渐增大的趋势(见图 4-5)。

(3) 当孔隙度大于 10%时，储层最大孔隙半径在 120μm 以上，平均孔隙半径在 20μm 以上，孔隙分选较差，分选系数一般在 3.5 以上，小孔含量一般小于 30%，中孔含量为 20%~35%，大孔含量为 40%以上，孔隙从大到小其含量有逐渐减小的趋势(图 4-5)。对于孔隙度小于 5%的差储层，一般没有铸体进入，很难进行孔隙图像分析。

二、储层物性与孔隙大小及分布参数的关系

随储层孔隙度、渗透率的增大，储层最大孔隙半径、平均孔隙半径、大孔含量都有增大趋势，表明储层物性的好坏与孔隙类型、孔隙大小密切相关。但储层物性与分选系数关系相关性不强(表 4-2、图 4-6、图 4-7)，由此说明川南地区储层孔隙大小分布不均。川南地区储层孔隙以经过成岩改造的粒间孔为主，因此，粒间孔隙的多少总体上决定了孔隙的大小，从而决定了储层的孔隙度和渗透率的好坏。

三、孔隙结构

孔隙结构是控制孔隙储性、渗性的基本要素，也是进行储层研究的重要内容之一，因此，结合铸体薄片鉴定、扫描电镜观察和常规物性与毛细管压力曲线分

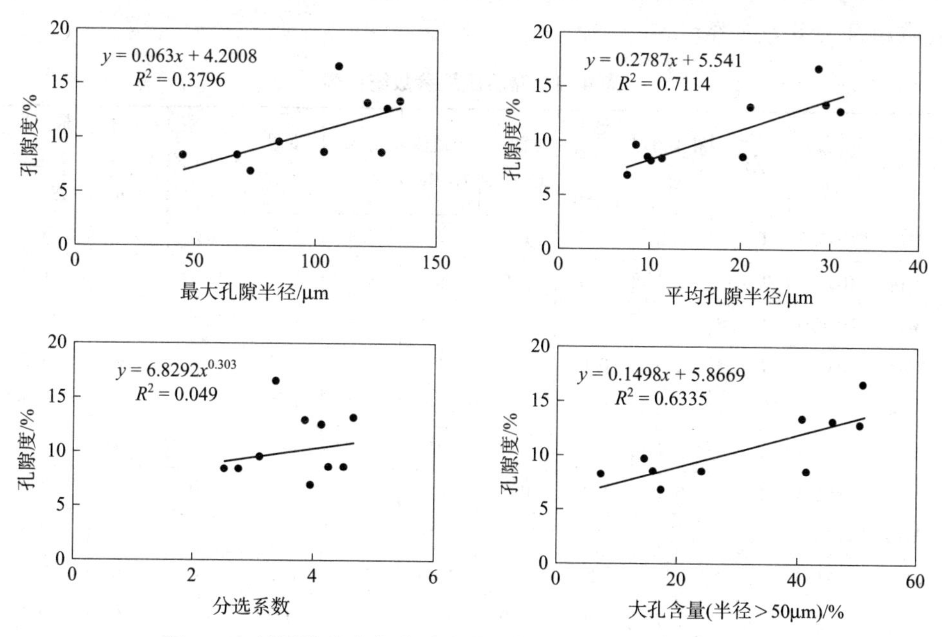

图 4-6 储层孔隙度与孔隙大小及分布参数的关系(Wa6 井)

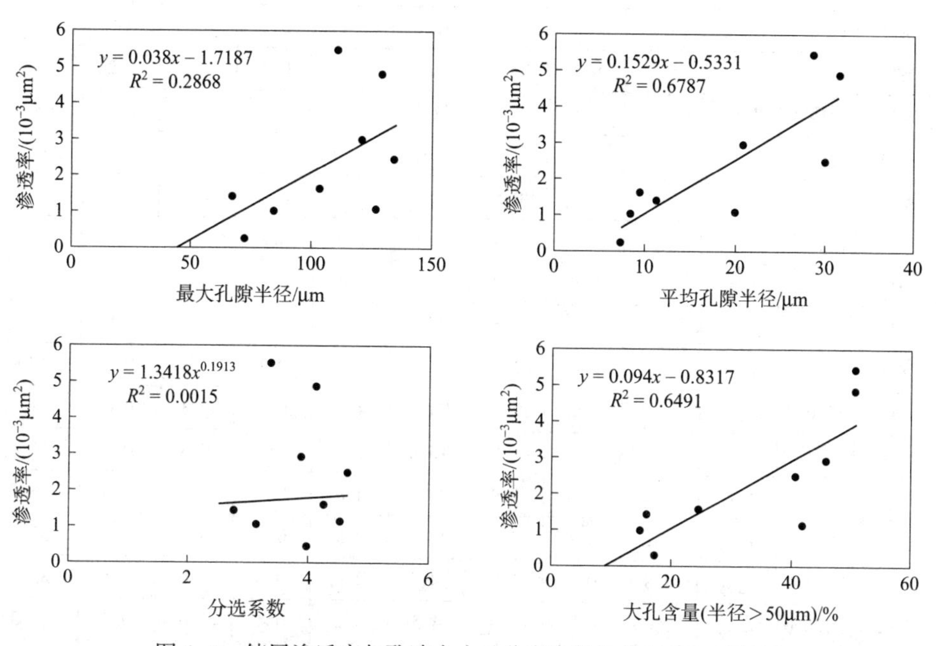

图 4-7 储层渗透率与孔隙大小及分布参数的关系(Wa6 井)

析结果(表4-3)，描述孔隙结构的基本特征，包括喉道的形态类型、喉道大小及孔喉组合关系等内容。

表4-3　储层压汞参数统计表

井号	井深/m	层位	孔隙度/%	渗透率/(10^{-3} μm^2)	排驱压力/MPa	中值压力/MPa	分选系数	变异系数	最大孔喉半径/μm	中值孔喉半径/μm	最大进汞饱和度/%
M14	1045.5	$T_3x_6^1$	3.7	0.2	1.1	7.3	2.4	0.2	0.6	0.1	83.2
M14	1050.9	$T_3x_6^1$	2.5	0.0	1.8	28.4	2.8	0.2	0.4	0.0	81.3
M14	1084.5	$T_3x_6^1$	3.1	0.1	1.1	26.6	2.8	0.2	0.6	0.0	83.9
M14	1088.9	$T_3x_6^1$	2.9	0.0	1.8	50.2	3.6	0.4	0.4	0.0	73.5
M14	1147.0	$T_3x_6^1$	6.2	0.2	1.1	12.5	2.3	0.2	0.6	0.1	90.4
M14	1151.5	$T_3x_6^1$	6.7	0.5	0.5	2.8	2.1	0.2	1.6	0.3	94.9
M14	1152.4	$T_3x_6^1$	5.1	0.8	0.7	6.0	2.2	0.2	1.0	0.1	97.8
M14	1270.0	T_3x_4	6.0	0.0	1.2	8.9	2.2	0.2	0.6	0.1	90.3
M14	1271.5	T_3x_4	4.6	0.1	1.8	20.9	2.4	0.2	0.4	0.0	87.5
M14	1273.5	T_3x_4	2.7	0.0	2.9	54.7	3.8	0.4	0.3	0.0	70.5
M14	1275.5	T_3x_4	4.2	0.0	2.9	16.1	1.9	0.2	0.3	0.0	89.4
M14	1279.1	T_3x_4	5.5	0.1	0.7	8.4	2.0	0.2	1.0	0.1	96.0
M14	1286.3	T_3x_4	3.8	0.1	1.8	15.1	2.1	0.2	0.4	0.0	88.9
M14	1310.2	T_3x_4	5.4	0.7	0.7	4.7	2.2	0.2	1.0	0.2	93.1
M14	1314.0	T_3x_4	9.2	0.8	0.3	11.2	3.7	0.5	2.6	0.1	63.4
M14	1318.1	T_3x_4	7.1	0.8	0.7	3.6	2.2	0.2	1.0	0.2	92.9
M14	1324.2	T_3x_4	9.0	0.3	0.5	2.1	2.0	0.2	1.6	0.3	97.1
M14	1324.3	T_3x_4	9.4	1.3	0.3	2.2	2.0	0.2	2.5	0.3	93.0
M11	823.4	$T_3x_6^3$	4.2	0.0	2.9	22.8	2.4	0.2	0.3	0.0	83.7
M11	828.8	$T_3x_6^3$	3.6	0.3	4.5	29.5	2.2	0.2	0.2	0.0	85.6
T18	1642.6	$T_3x_6^3$	1.8	0.0	2.9	16.0	2.4	0.2	0.3	0.0	83.8
T14	1820.7	$T_3x_6^2$	1.2	0.0	2.9	74.2	4.8	0.6	0.3	0.0	55.8
T14	1821.7	$T_3x_6^2$	1.6	0.0	2.9	15.8	2.9	0.3	0.3	0.0	76.7
T14	1822.9	$T_3x_6^2$	1.5	0.0	2.9	31.3	4.0	0.4	0.3	0.0	66.1
Yin23	2080.2	$T_3x_6^3$	4.1	0.1	2.7	17.4	2.5	0.3	0.3	0.0	87.7
Yin 23	2213.7	$T_3x_6^1$	4.8	0.1	1.2	11.2	2.9	0.3	0.6	0.1	85.5
Yin 23	2220.0	$T_3x_6^1$	6.0	0.2	0.8	4.5	3.2	0.4	1.0	0.2	85.3
Yin 23	2245.5	$T_3x_6^1$	6.6	1.4	0.4	1.2	2.9	0.4	2.1	0.6	94.7
Yin 23	2252.3	$T_3x_6^1$	6.4	0.1	1.2	7.4	3.3	0.4	0.7	0.1	79.6

续表

井号	井深/m	层位	孔隙度/%	渗透率/(10^{-3} μm^2)	排驱压力/MPa	中值压力/MPa	分选系数	变异系数	最大孔喉半径/μm	中值孔喉半径/μm	最大进汞饱和度/%
Yin 23	2312. 3	$T_3x_6^1$	6. 2	0. 4	0. 8	4. 3	3. 0	0. 3	1. 0	0. 2	88. 8
Yin 23	2330. 1	$T_3x_6^1$	8. 6	1. 5	0. 4	2. 3	2. 8	0. 4	1. 8	0. 3	95. 4
Wa6	960. 1	$T_3x_6^3$	4. 3	0. 1	2. 2	13. 6	1. 9	0. 2	0. 3	0. 2	85. 4
Wa 6	961. 6	$T_3x_6^3$	9. 1	0. 2	0. 4	1. 0	1. 9	0. 2	1. 7	0. 2	97. 8
Wa 6	972. 3	$T_3x_6^3$	2. 6	0. 1	4. 6	14. 8	2. 3	0. 2	0. 2	0. 1	69. 8
Wa 6	1075. 8	$T_3x_6^1$	9. 3	0. 5	0. 7	2. 2	2. 4	0. 2	1. 0	0. 3	95. 9
Wa 6	1082. 2	$T_3x_6^1$	8. 7	0. 7	0. 4	1. 0	2. 5	0. 3	2. 1	0. 8	97. 7
Wa 6	1085. 5	$T_3x_6^1$	8. 5	0. 5	0. 4	1. 0	2. 5	0. 3	2. 0	0. 8	96. 3
Wa 6	1088. 0	$T_3x_6^1$	6. 9	0. 2	0. 8	3. 2	2. 9	0. 3	0. 9	0. 2	90. 5
Wa 6	1097. 2	$T_3x_6^1$	8. 8	0. 8	0. 3	0. 7	2. 4	0. 3	3. 0	1. 1	97. 4
Wa 6	1098. 9	$T_3x_6^1$	7. 5	1. 7	0. 4	1. 4	2. 7	0. 2	2. 0	0. 5	94. 7
Wa 6	1099. 7	$T_3x_6^1$	9. 8	9. 1	0. 2	0. 6	3. 0	0. 4	4. 6	1. 2	95. 9
Wa 6	1103. 9	$T_3x_6^1$	9. 0	0. 6	0. 7	2. 3	2. 4	0. 2	1. 0	0. 3	95. 8
Wa 6	1123. 1	$T_3x_6^1$	7. 5	0. 2	0. 6	1. 6	2. 8	0. 3	1. 3	0. 5	92. 4
Wa 6	1127. 6	$T_3x_6^1$	8. 9	0. 8	0. 6	2. 1	2. 4	0. 2	1. 2	0. 4	97. 9
Wa 6	1131. 0	$T_3x_6^1$	8. 2	0. 6	0. 8	2. 4	2. 3	0. 2	1. 0	0. 3	97. 9
Wa 6	1135. 4	$T_3x_6^1$	9. 6	0. 5	0. 7	3. 6	2. 5	0. 2	1. 0	0. 2	95. 3
Wa 6	1136. 5	$T_3x_6^1$	12. 5	2. 3	0. 2	0. 9	3. 0	0. 4	3. 0	0. 9	95. 5
Wa 6	1141. 2	$T_3x_6^1$	13. 0	2. 4	0. 3	1. 0	3. 0	0. 4	2. 2	0. 7	92. 6
Wa 6	1173. 5	$T_3x_6^1$	7. 1	0. 3	1. 1	4. 4	2. 4	0. 2	0. 7	0. 2	95. 4
梅花镇	样品 1	$T_3x_6^3$	8. 2	1. 3	0. 3	2. 7	2. 1	0. 2	2. 5	0. 3	93. 0
黄石板	样品 6	$T_3x_6^1$	11. 7	1. 7	0. 7	2. 8	1. 9	0. 2	1. 0	0. 3	95. 4

（一）喉道形态类型

根据喉道的形态，可把喉道划分为如下几种类型(图 4-8)。

1. 缩颈喉道[图 4-8(a)]

喉道是孔隙的缩小部分，孔隙较大，喉道较小。这种喉道连通性较好，当储层以这种喉道为主时，其孔隙度和渗透率一般较大。须家河组的好储层中常以这种喉道为主，其岩石颗粒主要为点接触。

2. 片状喉道[图 4-8(b)]

喉道呈长条形的片状或弯曲片状，孔隙较小，喉道很细。这种喉道连通性中

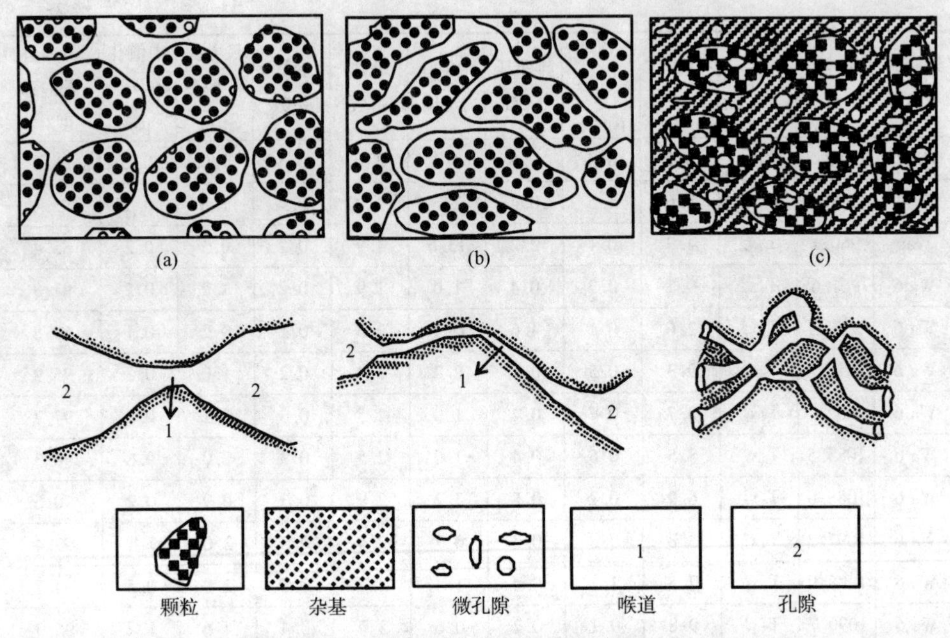

图 4-8　喉道类型(据姜在兴，2003，略有修改)

等，须家河组储层主要以这种喉道为主，其岩石颗粒主要为线接触和凹凸接触。

3. 管束状喉道[图 4-8(c)]

由微细孔隙组成的喉道，孔隙就是喉道本身，这些微孔隙像一支支微毛细管交叉地分布在杂基及胶结物中，基质孔隙及细小的粒内溶蚀孔隙常组成这种喉道。这种喉道连通性很差，须家河组储层中的差储层常以这种喉道为主，其岩石颗粒具有填隙物支撑特性。

(二) 喉道大小

表 4-3 是川南地区 51 个样品钻井岩心压汞参数统计表。从表 4-3 可以看出，储层最大孔喉半径为 0.1605~4.5686μm，平均半径为 1.15μm；中值孔喉半径为 0.0099~1.2342μm，平均半径为 0.26μm，总体上储层孔喉细小。储层孔喉分选系数为 1.9279~4.7897，平均分选系数为 2.62，分选系数较大，孔喉分选较差。储层排驱压力和中值压力大，平均分别为 1.27MPa 和 11.43MPa，反映油气难于进入储层之中。总体上，须家河组储层具有孔喉小、有效孔喉少、孔喉分选差的特点，即储层孔喉结构较差。

(三) 孔喉组合关系

砂岩储层的储集空间虽由多种类型的孔隙组合而成，但往往以其中一种或几种孔隙占主导地位。从铸体薄片资料来看，岩石的各种粒间孔隙虽然相对较发育，但孔隙之间的连通性仍然较差，其孔喉关系以中小孔~细喉组合为主，小孔~细微喉型组合与小孔~微喉型组合次之，少部分为中小孔~粗喉及微孔~微喉型。

（四）储层物性与孔喉大小及分布参数的关系

据压汞资料，川南须家河组砂岩储层物性与孔隙结构参数，即与排驱压力(P_{cd})、中值压力(P_{c50})、最大孔喉半径(R_{max})、喉道中值半径(R_{50})、最大进汞饱和度(S_{max})、分选系数(SP)、变异系数(C)的关系，存在如下的相关性：

(1) 孔隙度和渗透率与排驱压力(P_{cd})、中值压力(P_{c50})呈负相关性，随着排驱压力(P_{cd})、中值压力(P_{c50})的减小而减小，储层物性均变好，反之亦然(图4-9、图4-10)；

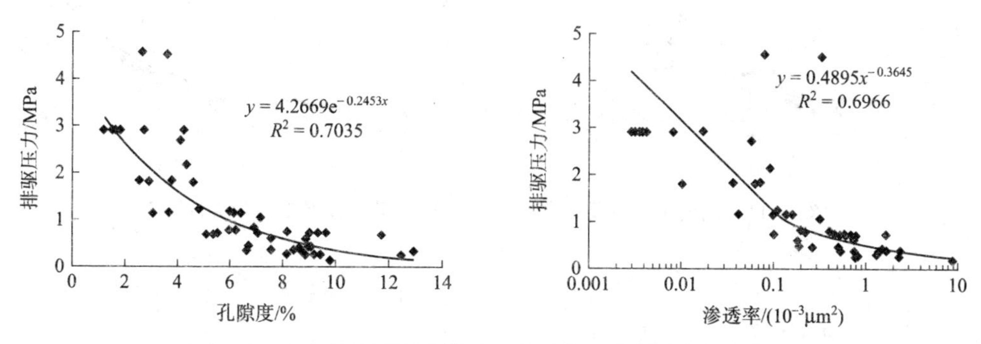

图4-9　川南须家河组孔隙度、渗透率与排驱压力相关性图

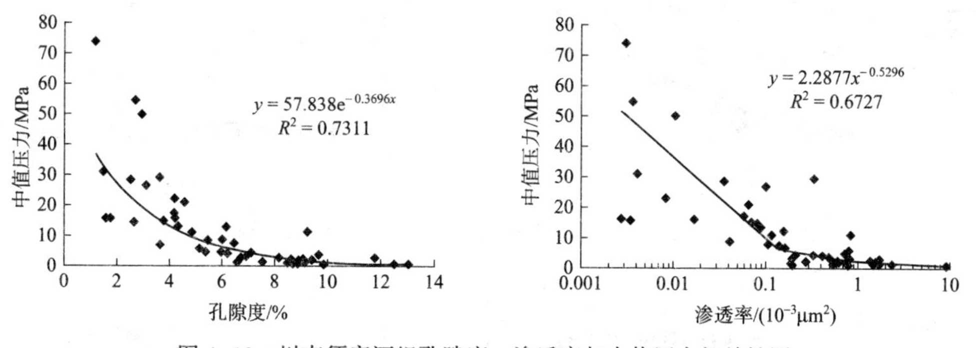

图4-10　川南须家河组孔隙度、渗透率与中值压力相关性图

(2) 孔隙度和渗透率与最大孔喉半径(R_{max})、喉道中值半径(R_{c50})呈较好的正相关性，随着最大孔喉半径(R_{max})、喉道中值半径(R_{c50})的增大而增大，储层物性均变好，反之亦然(图4-11、图4-12)；

(3) 储层物性与最大进汞饱和度(S_{max})呈正相关，即随最大进汞饱和度(S_{max})的增大而增大，储层物性变好，反之亦然(图4-13)；

(4) 变异系数(C)、分选系数(SP)可以代表孔隙结构的好坏，川南须家河组砂岩分选系数(SP)和变异系数(C)与物性相关性相对较好(图4-14、图4-15)。

从图 4-14 可以看出孔隙度在 5%附近储层的孔隙大小分选性最好；孔隙度小于 5%时，分选系数与孔隙度呈负相关；而当孔隙度大于 5%时呈正相关；渗透率与分选系数呈负相关，相关性较差。从图 4-15 可以看出，孔隙度在 5%附近储层的孔隙结构最差；孔隙度小于 5%时，变异系数与孔隙度呈负相关；而当孔隙度大于 5%时呈正相关；渗透率与变异系相关性差。

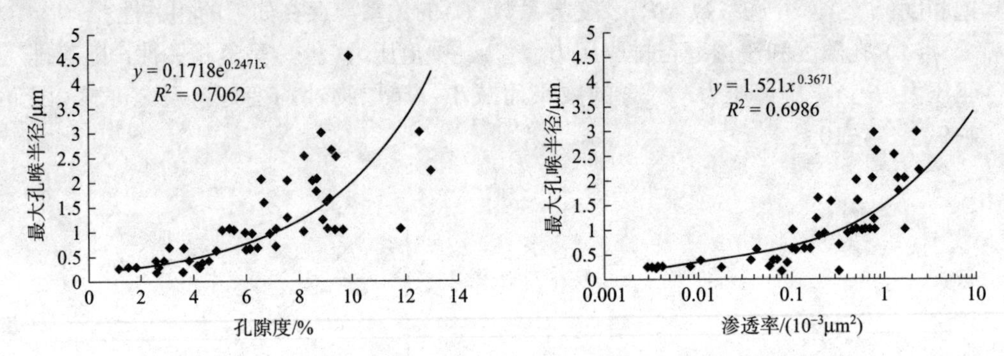

图 4-11　川南须家河组孔隙度、渗透率与最大孔喉半径相关性图

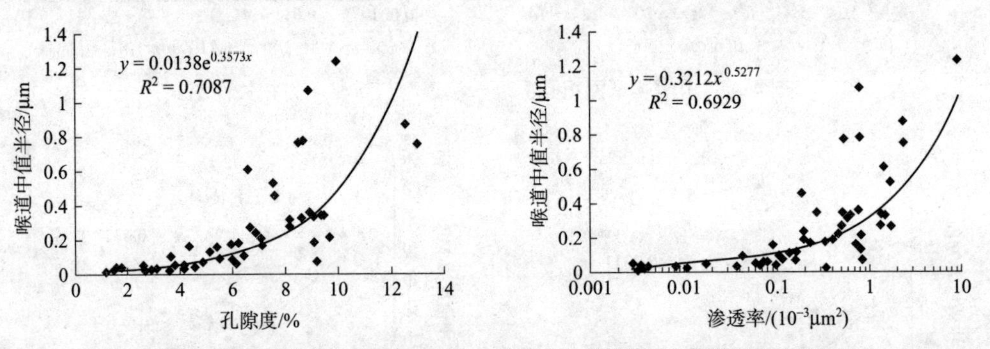

图 4-12　川南须家河组孔隙度、渗透率与喉道中值半径相关性图

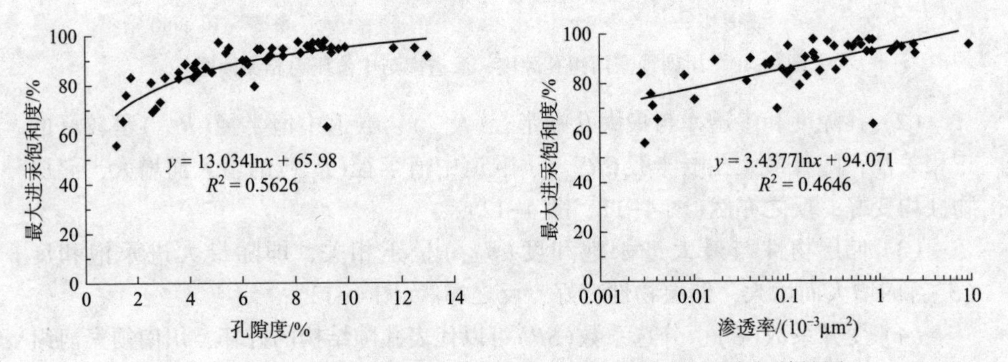

图 4-13　川南须家河组孔隙度、渗透率与最大进汞饱和度相关性图

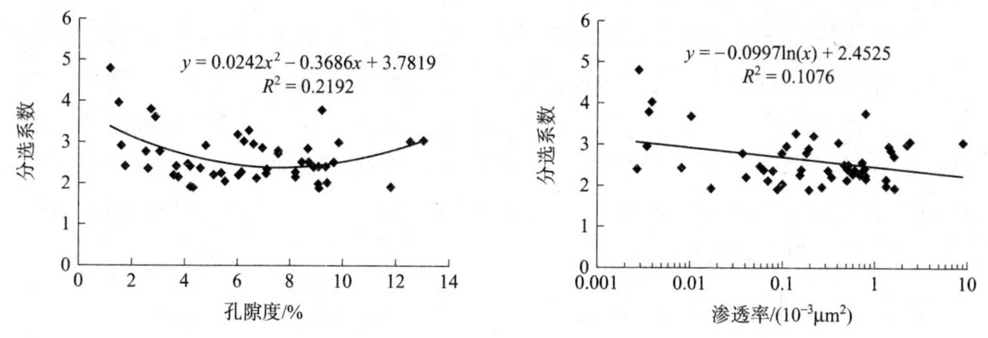

图 4-14　川南须家河组孔隙度、渗透率与分选系数相关性图

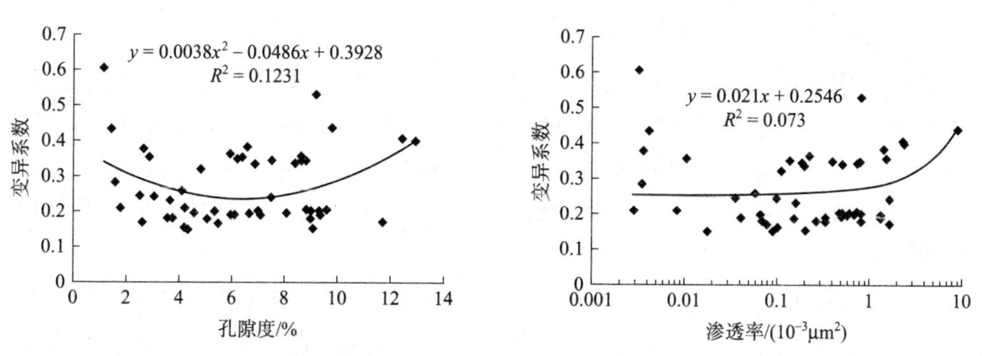

图 4-15　川南须家河组孔隙度、渗透率与变异系数相关性图

第三节　成岩作用

成岩作用为沉积物沉积之后，开始被埋藏并转化为沉积岩，直到沉积物（岩）发生变质作用或抬升到地表发生风化作用之前的一切变化过程。随着埋藏深度、地层温度和地层压力的变化，原始沉积物将发生一系列重大变化，直接影响岩石中的孔隙状态，控制孔隙的存在、形成和发展演化。如果说沉积相决定了岩石的成分和结构，并在宏观上控制储层的分布，则成岩作用最终决定了储层物性。

一、成岩作用类型

（一）压实作用

压实作用是松散沉积物在上覆水体和沉积物负荷压力作用下发生总体积缩小和孔隙度降低的一种成岩作用方式，也是储层形成过程中不可避免的一种破坏性成岩作用。压实作用在岩石学特征上表现为碎屑粒间孔隙变小和减少，塑性碎屑的变形作用和刚性碎屑的碎裂作用。

压实作用对储层物性的影响可用压实系数与面孔率的关系来表征：压实系数越大，储层所受的压实作用就越强，面孔率就越低。杂基含量多的粉、细砂岩和含大量软性岩屑的砂岩具有很大的压实系数，一般为0.9~1.0，因而储层物性很差，面孔率一般小于5%。少数压实系数很小的岩石，其面孔率很低，是方解石致密胶结形成的结果，大量的方解石胶结增加了岩石的抗压强度，相应地就降低了压实系数，但它自身又强烈充填孔隙。

（二）胶结作用

由于胶结物本身具有充填孔隙的成岩作用，其含量越多，储层物性就越差，当胶结物含量超过10%时，储层面孔率都在5%以下。但各种胶结物类型对储层物性的影响是不相同的：硅质胶结物和方解石胶结物对储层物性起显著的破坏作用；绿泥石胶结物则不然，虽然它占据了一定的孔隙空间，但它能阻止石英增生，有效地保护原生粒间孔隙，其结果是一种建设性成岩作用；同样，高岭石胶结物本身虽然占据了一定的孔隙空间，但它是表生溶蚀作用的产物，溶蚀形成的孔隙空间大于高岭石体积；其他胶结物由于含量很少，对储层物性影响不大。

砂岩胶结物含量与负胶结物孔隙度投点图是评价砂岩压实作用与胶结作用相对重要性的图件之一，川南砂岩的负胶结物孔隙度和砂岩中胶结物含量投点图如图4-16所示，川南须家河组的绝大部分样品都投在图的左下区域，说明压实作用和胶结作用两个影响孔隙度的主要成岩作用因素中，压实作用是造成孔隙度降低的第一重要因素。位于图4-16右上方的样品具有很高的胶结物含量，这些胶结物基本上都是碳酸盐矿物，因而这些样品实际上代表致密钙质层。主要的负胶结物孔隙度小于18%，压实造成的孔隙度损失22%以上，占损失储集空间的55%以上。很显然，该地区压实作用是造成孔隙度降低的第一重要因素。

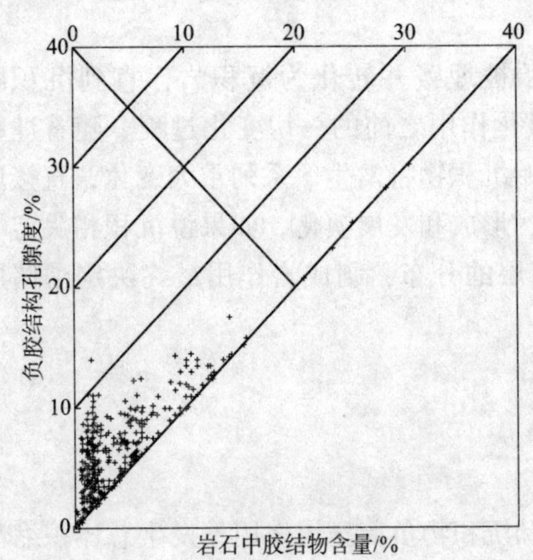

图4-16　川南砂岩胶结物含量与负胶结物孔隙度投点图(M14)

（三）交代作用

交代作用为一种矿物被另一种矿物替换的作用，相对于其他成岩作用来讲，其对储层孔隙发育影响较小。须家河组储层中常见的交代作用有以下三种。

（1）方解石的交代作用：主要发生在方解石致密胶结的砂岩中，方解石对各种颗粒和杂基都可发生交代，但似乎对长石更具选择性，常见长石的交代幻影和交代残留结构，大多数长石颗粒边缘都被交代成港湾状、锯齿状等不规则形态。长石的方解石化对孔隙的形成不利，因为须家河组的溶蚀作用主要溶蚀的是长石，方解石基本不被溶蚀，镜下还见相邻两长石颗粒中未交代的长石颗粒溶蚀较强，形成粒内溶孔，而被方解石交代的长石颗粒未见任何溶蚀。交代作用形成时间和方解石胶结物形成时间一致，即主要发生在早成岩阶段，至少发生在溶蚀作用之前，因为长石溶孔中无方解石充填。

（2）菱铁矿的交代作用：菱铁矿的交代作用较强，须家河组地层中广泛分布的菱铁矿结核就是其交代作用的结果。菱铁矿的交代作用有一定的选择性和层位性，它常常选择性地交代泥砾，可能与泥砾内部微孔隙发育有关，或者与泥砾中富含有机质有关。菱铁矿对泥砾的交代常进行得不彻底，常见泥砾的外部被交代，而内部仍然为泥质组分，形成菱铁矿皮壳。交代作用主要沿冲刷面进行，冲刷面为交代流体的运移提供了良好通道，同时冲刷面附近泥砾发育。菱铁矿的交代作用对孔隙的保护具有一定的建设性，它可以使泥砾早期固化，增加其抗压强度，在分流河道底部的泥砾如果都菱铁矿化，砂岩物性就较好，相反则较差。交代作用的形成时间可能较早，交代的泥砾基本没有压实变形现象，表明形成于沉积物被严重压实之前，可能在同生成岩期—早成岩期。

（3）黄铁矿的交代作用：砂岩中黄铁矿的交代作用较少见，镜下可见少量的黄铁矿结核，它似乎对泥质组分更具选择性，结核中杂基一般都被完全交代，而颗粒保存较完好，在泥页岩中黄铁矿结核常见。

（四）压溶作用

当沉积物埋深到达一定程度（一般为1000～1500m），颗粒接触点上的压力超过正常孔隙流体压力的2～2.5倍时，就会发生压溶作用。压溶作用主要通过固体与溶液之间的物质平衡来完成的，它不仅引起石英颗粒的体积减小，颗粒接触更加紧密，而且压溶组分SiO_2还会作为胶结物沉淀下来，进一步降低孔隙。须家河组储层广泛的石英加大及自生石英充填可能就与压溶作用有关（肖玲等，2007）。常见的压溶现象有石英颗粒的凹凸镶嵌接触及缝合状接触。

（五）溶蚀作用

溶蚀作用是须家河组储层中最有效的建设性成岩作用之一，它能形成大量次生孔隙，很多地区或层段就以次生孔隙为主，可以说要是没有溶蚀作用，这些地区或层段只能是差储层或非储层。川南地区广泛发育的粒内溶孔、粒间溶孔和铸模孔就是溶蚀作用的结果。溶蚀作用的强度与岩石粒间孔隙发育程度、可溶组分长石含量的多少及酸性流体来源的丰富程度有关。

1. 溶蚀作用机理

须家河组储层溶蚀作用有两种类型，即埋藏溶蚀和近地表溶蚀，以前者为主，对孔隙的贡献最大。

埋藏溶蚀作用的产生主要与有机质成熟过程中产生的酸性水或有机酸有关，四川盆地须家河组烃源岩镜质体反射率 R_o 一般为 1.0%~1.6%，最大可达 2%，有机质处于成熟—高成熟阶段。在有机质成熟过程中，干酪根热裂解能形成大量的 CO_2，降低了地层水的 pH 值，使其成为酸性水，或形成大量的有机酸。这种酸性水或有机酸随泥岩的压实而进入相邻的砂岩中，使砂岩中的某些组分产生强烈溶蚀，形成大量的粒内溶孔和铸模孔，并对原有粒间孔进行改造和溶蚀扩大。

近地表溶蚀作用与喜山期的构造运动有关，它使川南须家河组地层在局部地区(瓦市—自流井地区)抬升至地表附近，受到大气淡水影响，发生大气淡水的溶蚀作用。大气淡水溶蚀作用效果较差，虽然能形成一些溶蚀孔隙，但同时又形成高岭石胶结物，占据一定的孔隙空间。致密砂岩中大气水溶蚀形成的孔隙度大致等于高岭石体积，在孔隙发育的砂岩中，大气水溶蚀形成的孔隙度比高岭石体积大 0.7%左右，也就是说，大气水溶蚀最多能提高孔隙度 0.7%，可见大气淡水溶蚀作用对孔隙的贡献不高。

2. 被溶组分

根据大量的薄片观察，须家河组储层中被溶组分主要是长石，少见岩屑被溶蚀，碳酸盐胶结物基本无溶蚀现象。据 Meshri(1986)的研究，无论是碳酸还是有机酸，在相同的条件下，均优先溶解长石。从酸碱度方面来分析，适合长石溶解的 pH 值范围要比碳酸盐宽，特别是在 pH 值极高的情况下，长石溶解基本不依赖氢离子，但在这种情况下碳酸盐则表现为沉淀。碳酸盐矿物的溶解度总是随温度的增高而降低，在有机质成熟所产生的酸性水或有机酸的高峰时期，须家河组地层的埋深已超过 4000m，在这样大的深度(温度)下，碳酸盐矿物极难溶蚀。

3. 溶蚀作用的影响因素

溶蚀作用的影响因素较多，包括沉积物的原始组分和结构、被溶组分含量的多少、溶蚀流体来源的丰富程度、胶结物的有无和多少等。归纳起来有下列三方面因素：

(1) 岩石必须具备一定量的残余原生粒间孔隙，这样溶蚀流体才有可流动空间，才能对岩石中的易溶组分产生溶蚀，也有利于溶蚀物质的带走，不至于溶蚀流体中的某些矿物组分过早达到饱和而沉淀。在杂基、软性岩屑含量多的砂岩中，压实作用使粒间孔隙过早消失，溶蚀流体失去流通通道，早期大量方解石胶结也会完全堵塞粒间孔隙，在这种情况下，溶蚀流体会绕道而行，沿孔渗好的部位运移。因此，粉细砂岩、钙质砂岩和含大量千枚岩、板岩和泥页岩的岩屑砂岩溶蚀作用一般很弱。

（2）岩石中易溶组分含量越多，溶蚀强度越大。须家河组储层中的易溶矿物主要是长石，因而溶蚀强度和长石含量密切相关。在大致相同的情况下（杂基和胶结物含量、粒度粗细、粒间孔发育程度、岩屑成分等），长石含量越多，溶蚀作用越强，储层孔隙越发育（图4-17）。需要说明的是，图4-17中长石含量是现存长石+已溶蚀掉的长石。

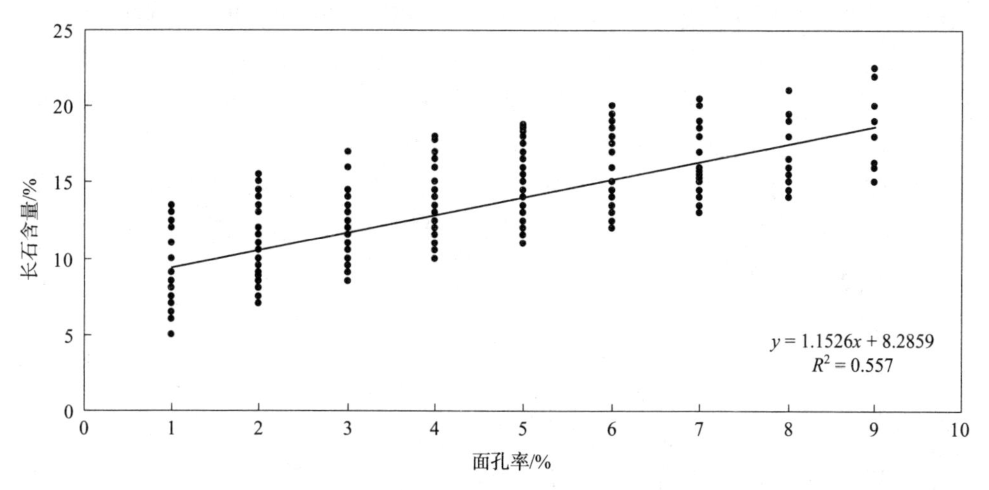

图4-17　川南长石含量与面孔率关系图

（3）酸性流体来源越丰富，溶蚀作用越强。由于溶蚀流体主要来源于有机质成岩演化，有机质越丰富的地区，产生酸性流体就越多。泥质烃源岩厚度以川西地区最大，次为川中地区，川南、川东和大巴山前缘地区最小（图4-18）。在其

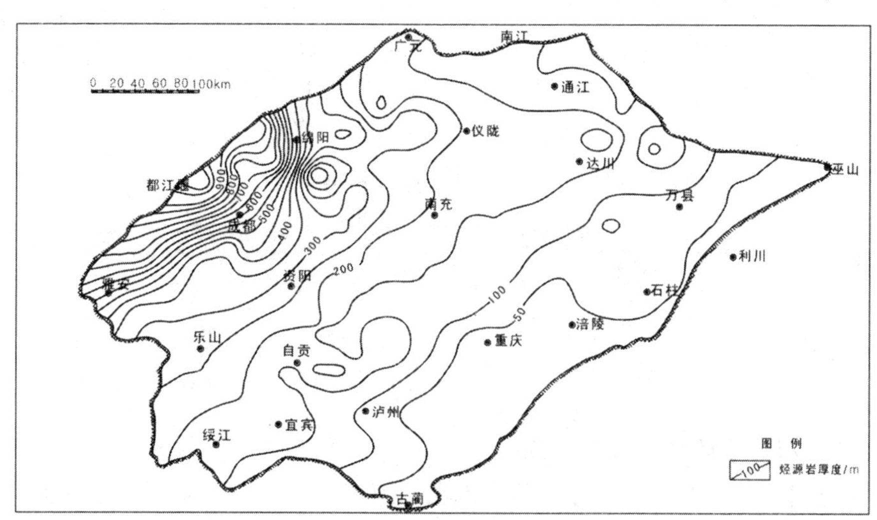

图4-18　四川盆地上三叠统泥质烃源岩等厚图（据曾伟等，2005）

他条件相同的情况下，酸性流体丰富的地区溶蚀孔隙发育程度高于酸性流体欠丰富的地区。因此，川南地区酸性流体相对贫乏，溶蚀孔隙发育程度相对较低。

二、成岩演化阶段划分与成岩演化序列

成岩作用划分标准很多，根据中华人民共和国石油天然气行业标准(SY/T 5477—2003)碎屑岩成岩阶段划分规范(袁旭军等，2006，图4-19)，对川南须家河组进行了成岩作用阶段划分。川南须家河组储层成岩作用强度大，目前主要处于中成岩 A 期，有如下几点依据：①干酪根镜质体反射率较高，为 0.97%～1.08%。其中 Yin23 井 R_o 为 1.08%，M14 井 R_o 为 0.97%，有机质处于成熟阶段；②黏土矿物主要为伊利石和绿泥石，很少有伊/蒙混层矿物，即使有，混层中蒙脱石含量也小于 30%(如 Wa6 井)，属有序混层带；③石英加大强烈，达Ⅱ级以上，颗粒接触紧密，主要为点-线接触，孔隙类型为混合孔隙。

川南须家河组成岩阶段划分与成岩演化顺序见图 4-19。

成岩阶段		古温度/°C	有机质					泥岩		砂岩固结程度	砂岩																	溶解作用			颗粒接触类型	孔隙类型
阶段	期		R_0/%	T_{max}/°C	孢粉颜色TAI	成熟阶段	烃类演化	I/S中的S	I/S混合分带		蒙皂石	I/S混层	C/S混层	高岭石	伊利石	绿泥石	石英加大级别	方解石	铁白云石	长石加大	钠长石化	方沸石	片沸石	浊沸石	榍石	石膏	硬石膏	长石及岩屑	碳酸盐类	沸石类		
同生成岩阶段		古常温	① 海绿石、鲕绿泥石形成；② 同生结核形成；③ 平行层里面分布的菱铁矿微晶及斑块状泥晶；④ 分布于粒间和颗粒表面的泥晶碳酸盐；⑤ 烃类未成熟																													原生孔隙为主
早成岩阶段	A	古常温～65	<0.35	<430	淡黄<2.0	未成熟	生物气	<70	蒙脱石带	弱固结—半固结						粒表		泥晶													点状	
	B	65～85	0.35～0.5	430～435	深黄2.0～2.5	半成熟		50～70	无序混层带	半固结—固结				呈书页状或蠕虫状				亮晶	泥晶													原生孔隙及少量次生孔隙
中成岩阶段	A	85～140	0.5～1.3	435～460	桔黄-棕2.5～3.7	低成熟—成熟	原油为主	15～50	有序混层带	固结					呈针状、叶片状	呈绒球状、叶片状					或成钾长石小晶体										点—线状	可保留原生孔隙、次生孔隙发育
	B	～175	1.3～2.0	460～490	棕黑3.7～4.0	高成熟	凝析油-湿气	<15	超点阵有序混层带									含铁	亮晶												线—缝合状	孔隙减少，并出现裂缝
晚成岩阶段		175～200	2.0～4.0	>490	黑>4.0	过成熟	干气	消失	伊利石带																							裂缝发育
表生成岩阶段		古常温或常温	① 含低价铁的矿物(如黄铁矿、菱铁矿、铁白云石、铁方解石、云母、绿泥石、海绿石等)的褐铁矿化；② 褐铁矿的侵染现象；③ 碎屑颗粒表面的氧化膜；④ 新月形碳酸盐胶结和重力胶结；⑤ 渗流充填物；⑥ 表生钙质结核；⑦ 硬石膏的石膏化；⑧ 表生高岭石；⑨ 溶解、空洞；⑩ 烃类氧化降解																													

① 因地壳的构造运动，在地质历史过程中有可能在早期成岩阶段、中成岩阶段或晚成岩阶段的任何时期出现表生成岩现象，也可能不出现表成生岩现象，各地区视情况而定；

②“－－－－－”表示少量或可能出现的成岩标志；

③ 中成岩A按照R_0 0.5%～0.7%和0.7%～1.3%及 T_{max}435～440℃和440～460℃又可分为A_1和A_2

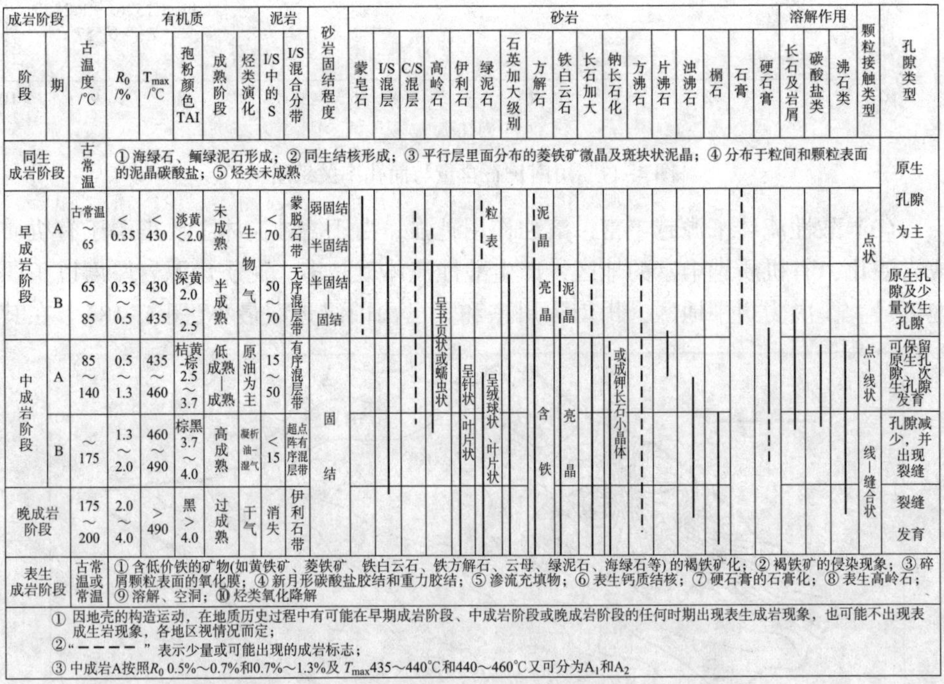

图 4-19　淡水-半咸水水介质碎屑岩成岩阶段划分标志

(一) 同生成岩期

沉积物处于沉积水体附近，基本未埋藏或埋藏很浅，主要成岩变化有莓球状、结核状黄铁矿和结核状菱铁矿的形成作用。

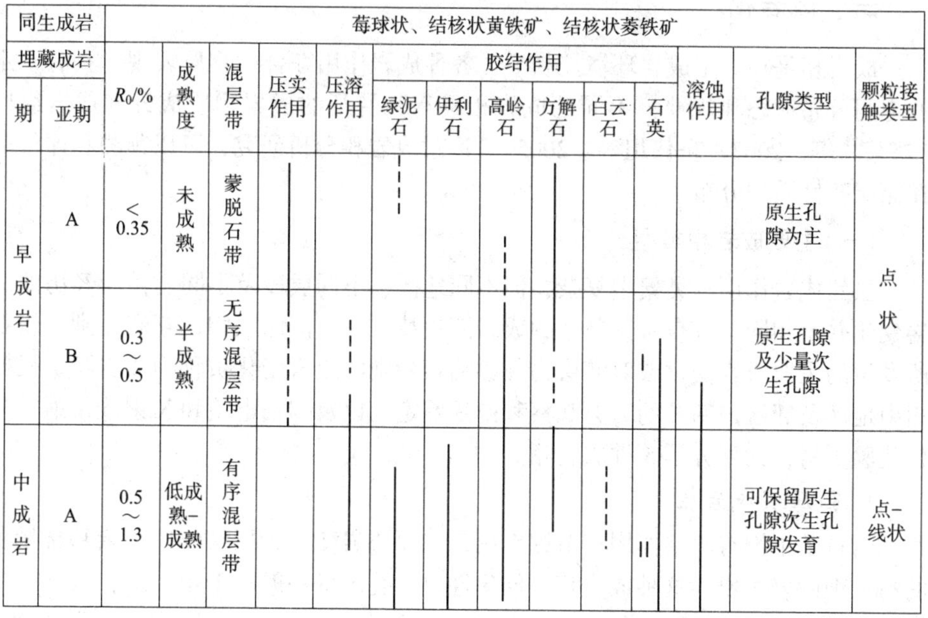

同生成岩		莓球状、结核状黄铁矿、结核状菱铁矿													
埋藏成岩		R_0/%	成熟度	混层带	压实作用	压溶作用	胶结作用						溶蚀作用	孔隙类型	颗粒接触类型
期	亚期						绿泥石	伊利石	高岭石	方解石	白云石	石英			
早成岩	A	<0.35	未成熟	蒙脱石带										原生孔隙为主	点状
早成岩	B	0.3～0.5	半成熟	无序混层带										原生孔隙及少量次生孔隙	点状
中成岩	A	0.5～1.3	低成熟–成熟	有序混层带										可保留原生孔隙次生孔隙发育	点–线状

图 4-20　川南须家河组成岩作用阶段划分与成岩演化顺序

（二）早成岩 A 亚期

古地温范围为 65℃以内，有机质未成熟，R_o<0.35%，孢粉颜色为淡黄色，岩石未固结，原生粒间孔发育，一般无石英自生加大。压实作用在这一阶段表现最为明显，可大量出现无铁方解石的胶结作用。

（三）早成岩 B 亚期

古地温范围为 65～85℃，有机质处于半成熟阶段，R_o 为 0.35～0.5%，孢粉颜色为黄色，岩石半固结–固结，黏土矿物主要为伊/蒙混层矿物。压实作用继续进行，压溶作用开始出现，石英胶结开始产生，绿泥石黏土环边胶结大量形成，无铁方解石的胶结作用继续进行。该阶段，颗粒间的接触主要为点接触，原生粒间孔隙依然可以保留。

（四）中成岩 A 亚期

古地温范围为 85～140℃，R_o 达到 0.5%～1.3%，有机质处于低成熟—成熟阶段，孢粉颜色为桔黄—棕色，岩石已固结，颗粒间的接触主要为点–线接触。压溶作用强烈，石英加大大量产生，铁方解石、粒状黄铁矿充填孔隙。由于有机质的成熟，进入生烃门限，大量的有机酸以及 CO_2 进入砂岩储层，对长石产生强烈溶蚀，形成次生孔隙。

三、成岩相

成岩相是在一定成岩环境控制下，各种成岩作用综合的物质表现，具有一定的空间分布形态和规律，不同的成岩相具有其特征的成岩物质成分和成岩组构(郑荣才等，2007；窦伟坦等，2005)。通过成岩相分析研究，可以预测和评价潜在储层的性质和分布。

(一)主要成岩相类型

虽然成岩作用种类繁多复杂，但不同地区、不同层段及不同岩性所经历的成岩变化并不相同，各自有其独特的成岩演化特点，因而储层物性互有差别。岩石所发生的主要成岩变化或对储层物性影响较特别的成岩变化被称为成岩相。根据川南地区及邻区内钻井的岩石观察和薄片鉴定，以及扫描电镜和X射线衍射等分析化验资料，共划分了5种成岩相。

1. 强压实成岩相

岩石基本没有胶结作用和溶蚀作用，主要成岩变化为压实作用，杂基含量多的粉、细砂岩主要为这种成岩相，储集性差，孔隙度一般小于4%。

2. 硅质胶结成岩相

主要成岩变化为石英的胶结作用，溶蚀作用和其他矿物的胶结作用较弱，石英胶结物含量一般在6%以上，最大可达10%以上，主要以石英加大的形式产出。储层物性较差，孔隙度一般小于5%，少数在5%以上。

3. 钙质胶结成岩相

主要成岩变化为方解石的胶结作用，溶蚀作用和其他矿物的胶结作用较弱，方解石胶结物含量一般在5%以上，最大可达40%。储层物性差，孔隙度一般小于5%。

4. 溶蚀-高岭石胶结成岩相

主要成岩变化为溶蚀作用和高岭石的胶结作用，溶蚀作用很强，形成大量的长石粒内溶孔和铸模孔。由于喜山运动的影响，邻区部分地区须家河组地层被抬升至地表附近(瓦市-自流井地区)，受到大气淡水影响，形成表生高岭石，高岭石胶结物以蠕虫状和书页状形式充填孔隙，高岭石的胶结作用对储层孔隙演化并不是很重要，但它是表生成岩作用最特征的标志。储层物性较好，孔隙度一般为5%~10%，少数在5%以下。

5. 绿泥石胶结成岩相

主要成岩变化为绿泥石的胶结作用，溶蚀作用也较强，绿泥石呈纤维状垂直颗粒生长，形成孔隙衬垫，有效地防止石英加大，粒间孔隙得以保存，硅质胶结物只能以自生石英的形式充填孔隙，硅质胶结物含量较少，一般小于5%。储层物性好，孔隙度一般大于8%，最大可达15%以上。

（二）成岩相垂向演化序列

通过对川南地区6口钻井岩心、测井曲线、岩性描述和成岩作用分析，并依据岩石组合、剖面结构、沉积相特征、物性特征，建立了川南须家河组成岩相的垂向演化序列。对储集砂岩垂向成岩作用的研究，能更好地展示储集岩在垂向上的成岩作用和孔隙的分布及演化，这将为川南地区储层演化规律研究提供基础数据。结合储集砂岩的平面成岩作用特征的研究，更有利于勘探工作的开展与布局。下面以M14井为典型钻井，做储集砂体垂向成岩作用分析。

在838.0~844.0m井段，主要发育水下分流河道沉积。石英颗粒平均含量为65%，长石含量为6.1%，岩屑含量为28.9%，主要见有硅质、钙质和泥质填隙物。成岩作用表现为溶蚀较强、压实强及局部硅质胶结的特征。溶蚀作用是长石和岩屑颗粒被溶蚀，形成粒内溶孔；硅质和钙质填隙物被溶蚀，形成粒间溶孔。该段以发育粒间孔和溶蚀孔为特征，表现为溶蚀相夹强压实相及硅质胶结的成岩作用(图4-21)。

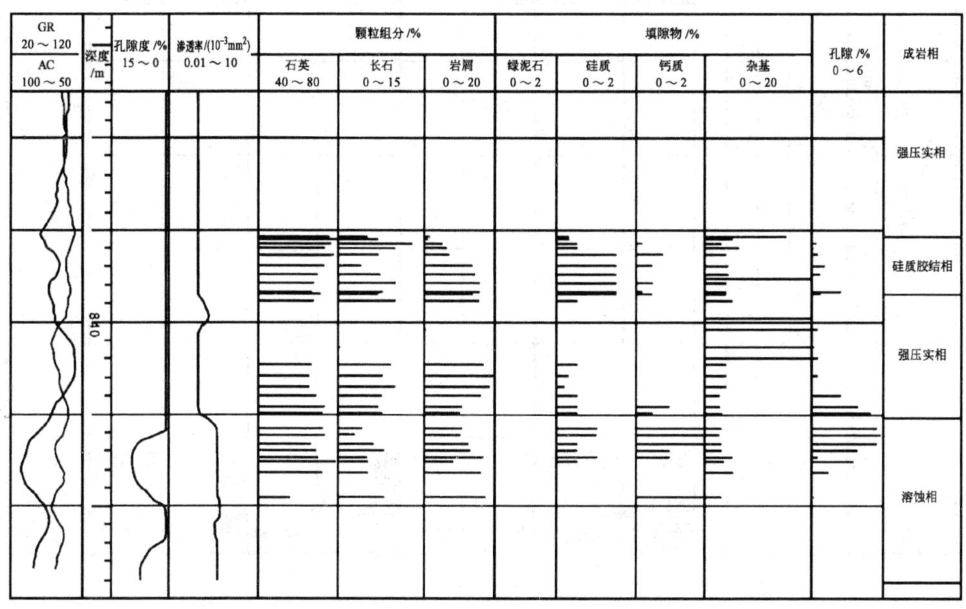

图4-21　M14井$T_3x_6^3$段垂向成岩作用演化图

在1037.0~1053.0m井段，沉积环境为水下分流河道沉积，石英颗粒平均含量为52.3%，长石含量为9.3%，岩屑含量为38.4%。该井段长石含量低，填隙物中钙质含量较高，溶蚀孔和粒间孔均不发育，该段以钙质胶结成岩相为特征(图4-22)。

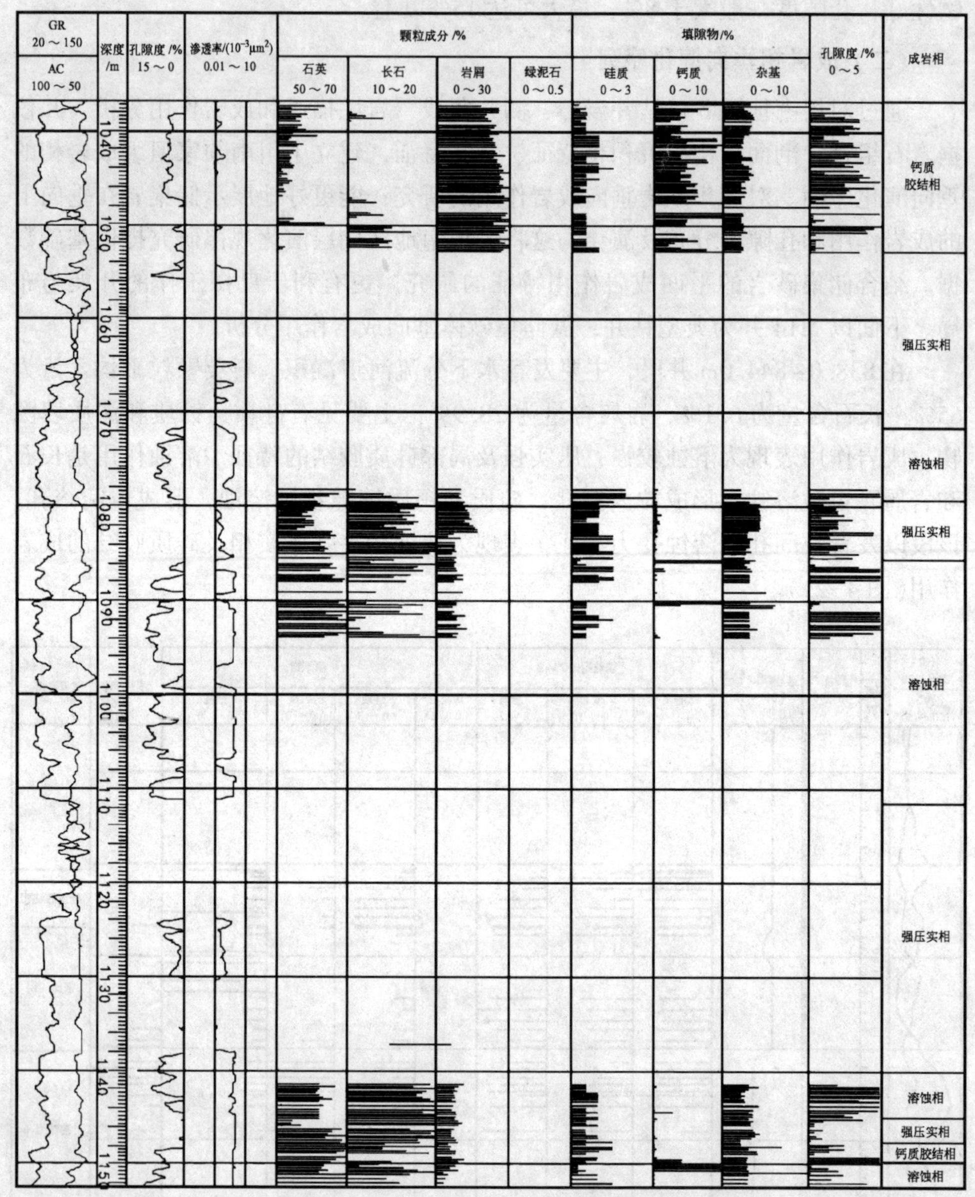

图 4-22　M14 井 $T_3x_6^1$段垂向成岩作用演化图

在 1078.0~1094.0m 井段，沉积环境为水下分流河道沉积，石英颗粒平均含量为 64.3%，长石含量为 15.5%，岩屑含量为 20.2%，主要见有硅质、钙质和泥质填隙物。该井段长石含量相对较高，成岩作用表现为溶蚀较强、局部压实强的特征。溶蚀作用是长石和岩屑颗粒被溶蚀，形成粒内溶孔；硅质和钙质填隙物被溶蚀，形成粒间溶孔，表现为溶蚀相夹强压实相的成岩作用(图 4-22)。

在 1141.5~1152.5m 井段，沉积环境为水下分流河道沉积，石英颗粒平均含量为 64.8%，长石含量为 18%，岩屑含量为 17.2%，主要见有硅质、钙质和泥质填隙物，局部钙质含量高。该井段长石含量较高，成岩作用表现为溶蚀较强、局部压实强、局部钙质胶结强的特征。溶蚀作用是长石和岩屑颗粒被溶蚀，形成粒内溶孔；硅质和钙质填隙物被溶蚀，形成粒间溶孔，表现为溶蚀相夹强压实相及钙质胶结相的成岩作用(图 4-22)。

在 1230.2~1239.5m 井段，沉积环境为水下分流河道沉积，石英颗粒平均含量为 51.5%，长石含量为 13.3%，岩屑含量为 35.2%，主要见有硅质、钙质和泥质填隙物。该井段长石含量较高，成岩作用表现为溶蚀较强、局部压实强的特征。溶蚀作用是长石和岩屑颗粒被溶蚀，形成粒内溶孔；硅质和钙质填隙物被溶蚀，形成粒间溶孔，表现为溶蚀相夹强压实相的成岩作用(图 4-23)。

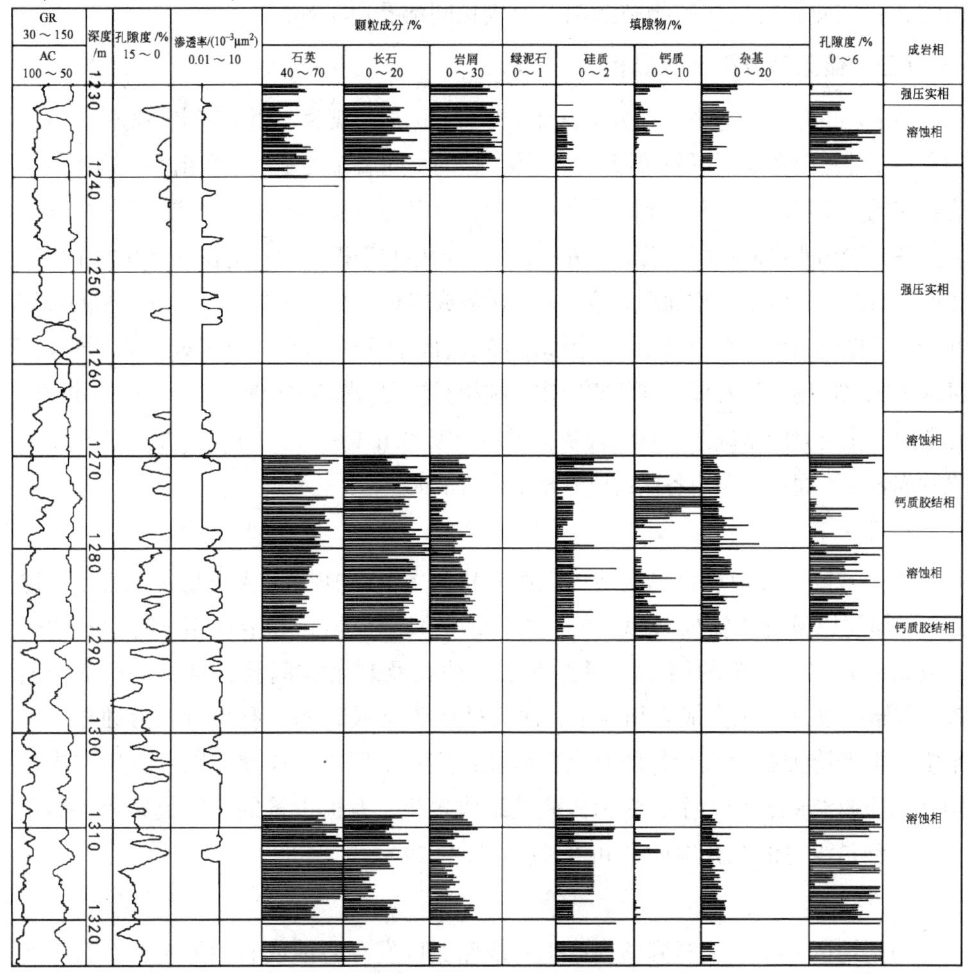

图 4-23　M14 井 T_3x_4段垂向成岩作用演化图

在 1270. 0~1290. 0m 井段，沉积环境为水下分流河道沉积，石英颗粒平均含量为 60%，长石含量为 16. 2%，岩屑含量为 23. 8%，主要见有硅质、钙质和泥质填隙物，局部钙质含量较高。该井段长石含量较高，成岩作用表现为溶蚀较强、局部钙质胶结强的特征。溶蚀作用是长石和岩屑颗粒被溶蚀，形成粒内溶孔；硅质和钙质填隙物被溶蚀，形成粒间溶孔，表现为溶蚀相夹钙质胶结相的成岩作用(图 4-23)。

在 1308. 0~1324. 6m 井段，沉积环境为水下分流河道沉积，石英颗粒平均含量为 70. 2%，长石含量为 9. 1%，岩屑含量为 20. 7%，主要见有硅质、钙质和泥质填隙物，局部钙质含量较高。该井段石英含量高，抗压实作用强，长石含量较高，成岩作用表现为溶蚀较强特征。溶蚀作用是长石和岩屑颗粒被溶蚀，形成粒内溶孔；硅质和钙质填隙物被溶蚀，形成粒间溶孔(图 4-23)。

(三) 储集砂岩平面成岩相

成岩相的平面分布图是在分析统计了 8 口井的岩心观察、镜下鉴定、物性等方面的资料，并综合考虑了沉积相带及储集体类型的空间展布的基础上作出的。具体方法为：在成岩作用的研究基础上，先在单井中有资料的须家河组井段(统计井段)中确定上述各成岩相所占的长度，若某口井中某种成岩相的累积井段长度在统计井段中所占比例最高，则将该成岩相确定为该口井的优势成岩相，并将该井归于此成岩相的标识井，最后据此画出其平面分布图。因此，各成岩相的分布区只具有相对意义，即在此区内该成岩作用最为发育，其他成岩作用则相对较弱(尚建林，2007)。在对单井成岩相垂向演化研究的基础上，系统编制了川南须家河组 T_3x_2段、T_3x_4段、$T_3x_6^1$段和 $T_3x_6^3$段的成岩相平面展布图。各段的成岩相平面特征如下。

1. T_3x_2段

川南地区须 2 段麻柳场构造以强压实相为主。Gt01 井—大塔场—观音场构造 T_3x_2段储层以发育压实成岩相为主，次为钙质胶结成岩相和溶蚀相，有少量的硅质胶结成岩相，主要的储集空间类型是溶蚀孔及剩余粒间孔；自贡—瓦市构造 T_3x_2段储层以发育压实成岩相为主，次为硅质胶结成岩相，有少量的溶蚀相，储集空间类型溶蚀孔和极少量的剩余粒间孔；宜宾地区 T_3x_2段储层以发育压实成岩相和钙质胶结成岩相为主，次为硅质胶结成岩相，有极少量的溶蚀成岩相，储集空间类型是少量的剩余粒间孔和溶蚀孔(图 4-24)。

2. T_3x_4段

川南地区 Gt1 井—麻柳场构造 T_3x_4段储层以发育溶蚀成岩相为主，次为压实成岩相，胶结成岩相少见，主要的储集空间类型是溶蚀孔及少量的剩余粒间孔；大

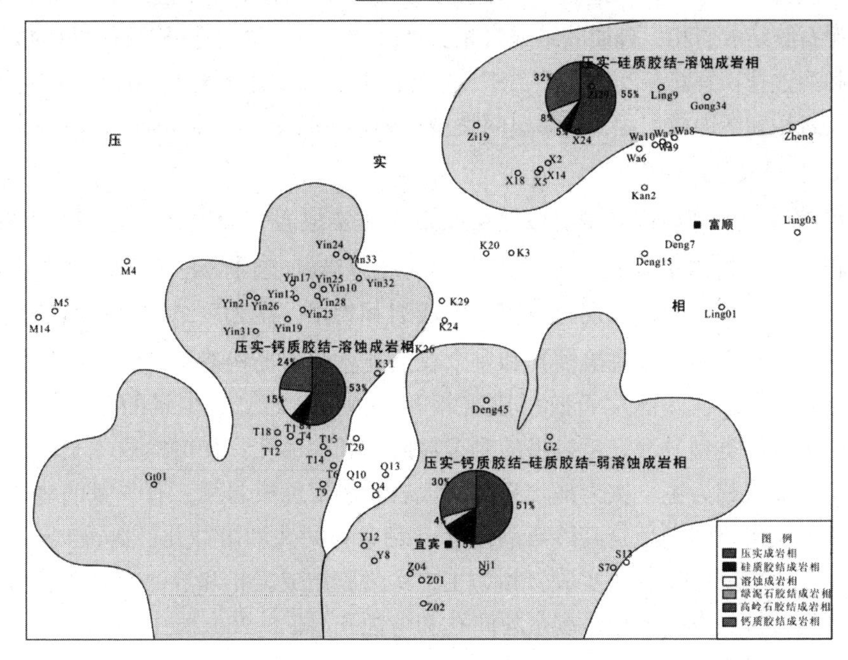

图 4-24 川南须家河组 T_3x_2 段成岩相平面分布图

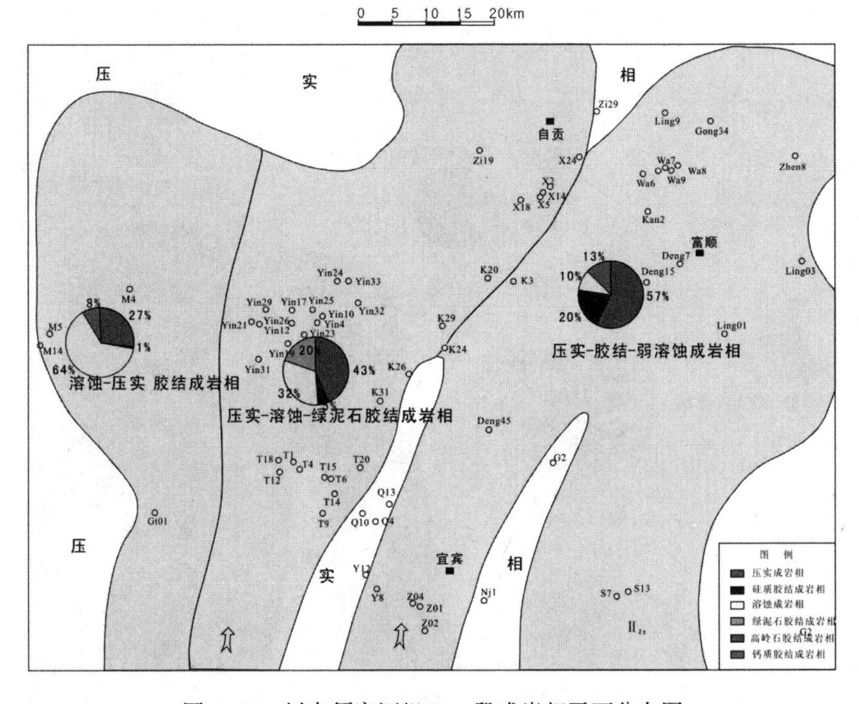

图 4-25 川南须家河组 T_3x_4 段成岩相平面分布图

塔场—观音场构造—自贡地区 T_3x_4段储层以发育压实成岩相为主，次为溶蚀成岩相和绿泥石胶结成岩相，硅质胶结成岩相少见，储集空间类型是绿泥石衬里的剩余粒间孔和溶蚀孔；宜宾—瓦市构造—S7 井 T_3x_4段储层以发育压实成岩相为主，次为胶结成岩相和溶蚀成岩相，储集空间类型是剩余粒间孔和溶蚀孔(见图 4-25)。

3. $T_3x_6^1$段

川南地区麻柳场构造 $T_3x_6^1$段储层以发育压实成岩相为主，次为溶蚀相-胶结成岩相，主要的储集空间类型是溶蚀粒间孔、溶蚀粒内溶孔及少量的剩余粒间孔；大塔场构造 $T_3x_6^1$段储层以发育压实成岩相为主，次为胶结成岩相，溶蚀成岩相少见，储集空间类型是溶蚀孔和剩余粒间孔；观音场构造 $T_3x_6^1$段储层以发育压实成岩相为主，次为绿泥石胶结成岩相和溶蚀成岩相，有少量的硅质胶结成岩相，储集空间类型是绿泥石衬里的剩余粒间孔和溶蚀孔；瓦市构造 $T_3x_6^1$段储层以发育压实成岩相为主，次为高岭石胶结成岩相和溶蚀成岩相，有少量的钙质胶结成岩相，储集空间类型是高岭石晶间孔、剩余粒间孔和溶蚀孔；Deng45—Ling01 井区 $T_3x_6^1$段储层以发育压实成岩相为主，次为胶结成岩相和溶蚀成岩相，溶蚀成岩相少见，储集空间类型是剩余粒间孔和溶蚀孔(图 4-26)。

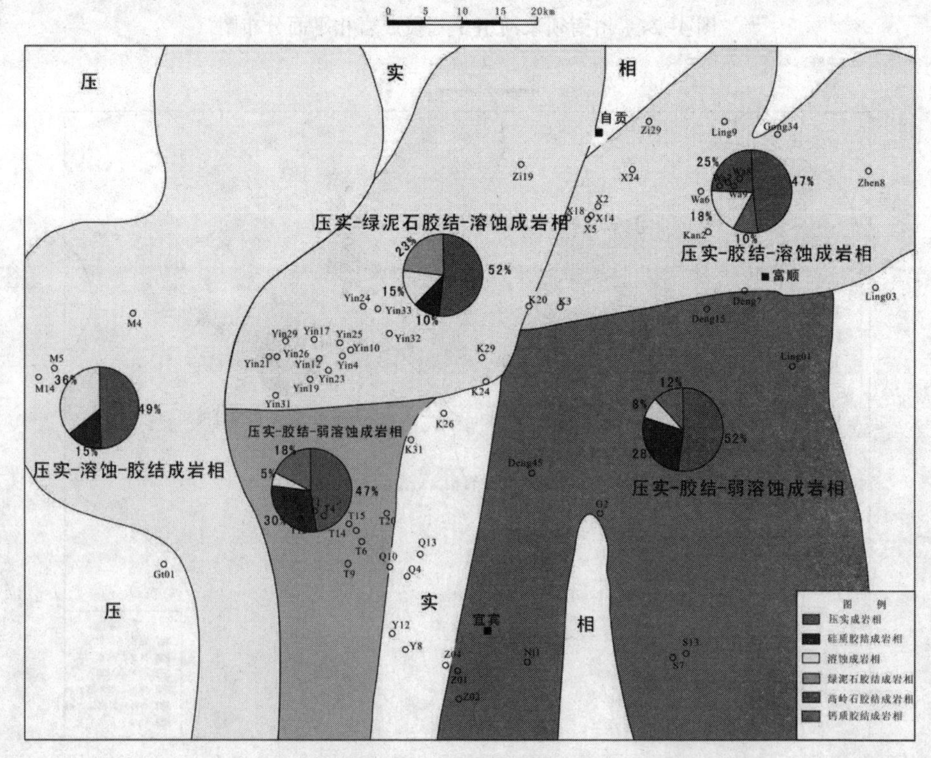

图 4-26 川南须家河组 $T_3x_6^1$段成岩相平面分布图

4. $T_3x_6^3$段

川南地区 Gt01 井—麻柳场构造 $T_3x_6^3$段储层以发育压实成岩相为主，次为溶蚀相和硅质胶结成岩相，主要的储集空间类型是溶蚀孔及少量的剩余粒间孔；观音场构造—Zi19 井 $T_3x_6^3$段储层以发育压实成岩相为主，次为绿泥石胶结成岩相和溶蚀成岩相，有少量的硅质胶结成岩相，储集空间类型是绿泥石衬里的剩余粒间孔和溶蚀孔；瓦市构造 $T_3x_6^3$段储层以发育压实成岩相为主，次为高岭石胶结成岩相和溶蚀成岩相，有极少量的钙质胶结成岩相，储集空间类型是高岭石晶间孔、溶蚀孔和少量的剩余粒间孔；大塔场构造—富顺地区—S7 井区 $T_3x_6^3$段储层以发育压实成岩相和硅质胶结成岩相为主，溶蚀成岩相少见，储集空间类型是剩余粒间孔和溶蚀孔(图 4-27)。

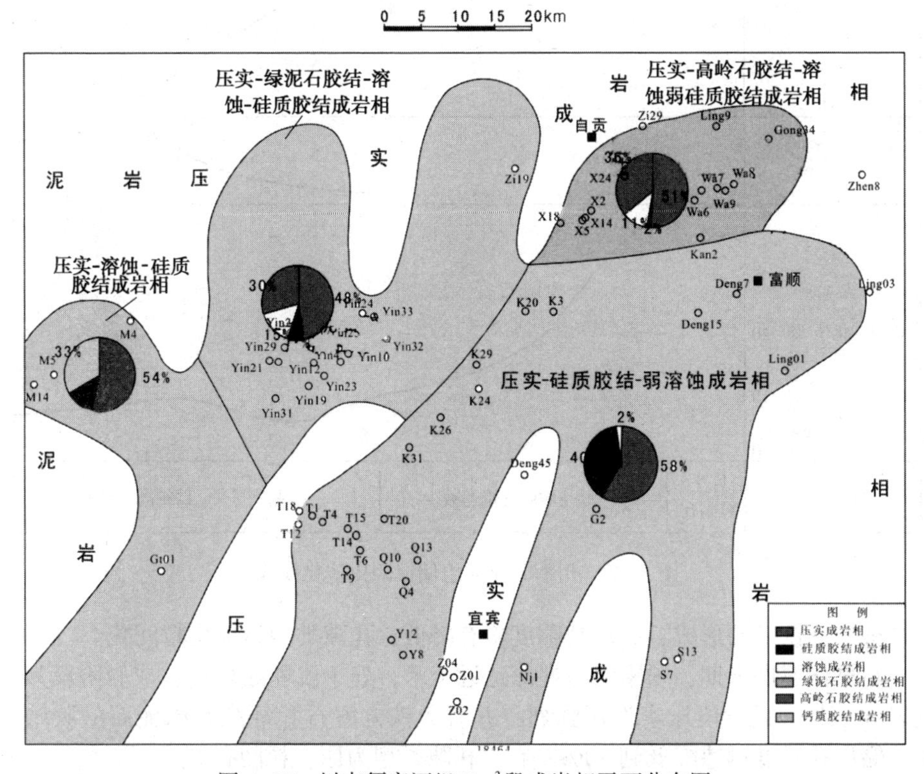

图 4-27 川南须家河组 $T_3x_6^3$段成岩相平面分布图

四、成岩作用与孔隙演化

根据储层埋藏史，油气生成史、成岩史、孔隙演化史，总结储层“四史”演化模式如图 4-28 所示。

假设沉积物沉积时的原始孔隙度为 40%，在同生成岩阶段，沉积物尚未脱离沉积水体，成岩环境为湖(河)底或近地表环境。这时有莓球状和结核黄铁矿以

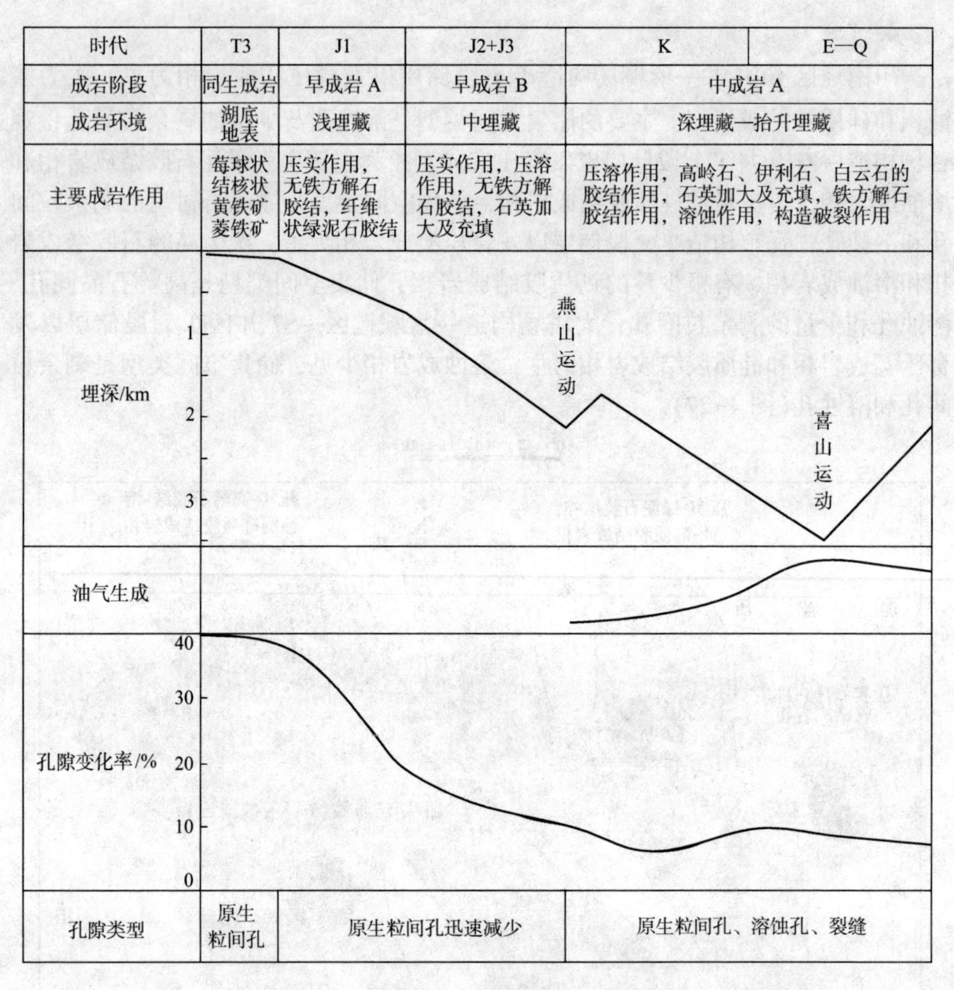

图 4-28　川南须家河组储层四史演化模式

及结核状菱铁矿的形成，储层孔隙度略有降低，孔隙类型为原生粒间孔。

在早侏罗世末期，须家河组埋深达近千米，处于浅埋藏环境，成岩阶段为早成岩 A 亚期。此阶段压实作用强烈，并有无铁方解石和纤维状绿泥石的胶结作用，储层孔隙度迅速降低到 20%左右，孔隙类型为原生粒间孔。

在早侏罗纪末期，须家河组埋深达 2000m 左右，处于中埋藏环境，成岩阶段为早成岩 B 亚期。此阶段压实作用仍在继续，压溶作用开始发生，并有无铁方解石的胶结作用，石英加大及充填开始出现，储层孔隙度降低到 10%左右，孔隙类型也为原生粒间孔。

在第三纪末期，须家河组到达最大埋深，达 3500m 左右，为深埋藏环境，之后由于喜山运动，地层抬升，现今埋深一般小于 2000m，为抬升埋藏环境。从深埋藏环境到抬升埋藏环境的整个阶段为晚成岩 A 亚期，此阶段的早期压溶作用强烈，铁方解石胶结物大量形成，石英加大及自生石英充填强烈，孔隙度降低到5%左右。之后，由于有机质成熟，有机酸性水大量产生，溶蚀作用发生，孔隙度提高到10%左右。最后，由于高岭石、伊利石、白云石和铁方解石的充填作用，孔隙度回落到8%左右。第三纪末期的喜山运动使川南地区构造圈闭形成，并由此产生构造裂缝。在深埋藏环境—抬升埋藏环境中，储层孔隙类型为原生粒间孔、溶蚀孔和裂缝组成的混合孔隙。

第四节　储层发育主控因素

储层物性受沉积物原始组分、沉积作用、成岩作用和构造作用的多重影响，它们是相互联系的，其中沉积作用是基础，它不仅在一定程度上决定了储层岩石的原始组分和岩石结构，在宏观上控制储层分布范围，而且影响后期的成岩作用类型和强度；成岩作用是关键，它影响储集空间的演化过程和储层孔隙结构特征，并最终决定储层物性的好坏，构造作用通过大幅度提高储层渗透率而提高油气产能，是储层高产的重要条件(吕正祥，2005)。

一、沉积物原始组分对储层物性的影响

(一) 石英颗粒

根据川南须家河组储集砂岩中石英颗粒与孔隙度的关系(图4-29)，石英含量过低(<45%)，储层物性常很差，因岩石中常含较高的黏土杂基和软性岩屑，压实强度大，造成孔隙度降低；或者被方解石致密胶结，不利于孔隙的保存。在石英颗粒含量为50%~70%时，储层孔隙最为发育，这种石英含量范围有利于环边绿泥石形成。当石英含量超过80%时，储层孔隙有变小的趋势。

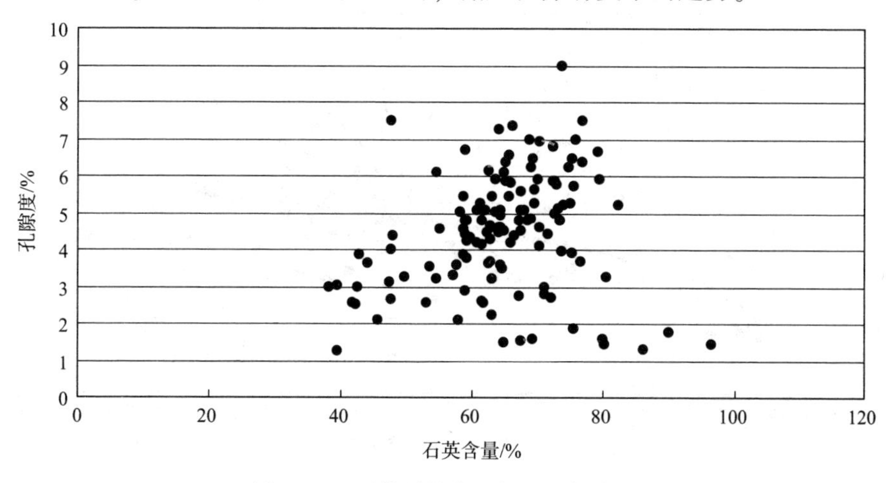

图4-29　石英颗粒含量与面孔率关系

（二）岩屑

储集砂岩颗粒的岩屑含量越多，储层孔隙度越小(图 4-30)。因为岩屑越多，岩石抗压实作用越弱，同时由于川南地区含有较多的泥页岩屑、灰岩岩屑、云母碎屑等塑性岩屑，受压实作用影响，这些岩屑很容易挤入邻近的孔隙空间，形成假杂基，从而缩小孔隙。当岩屑含量大于 25%时，储层孔隙度一般在 5%以下，川南地区须 6 段含有较多的岩屑砂岩，这些砂岩的孔隙度就小于 5%。

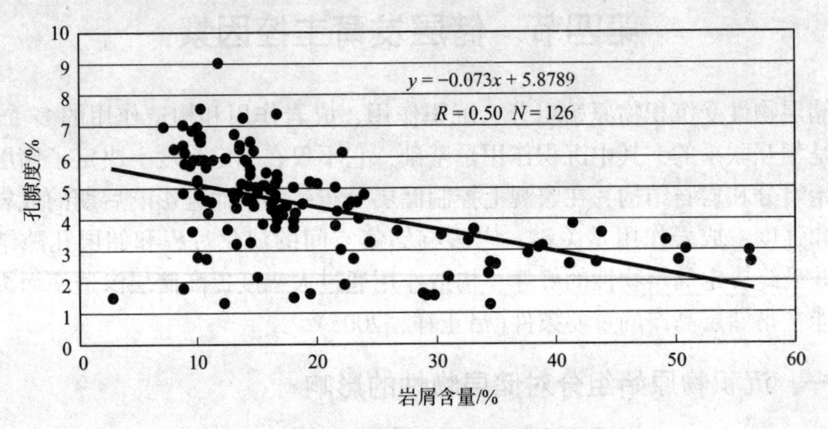

图 4-30 岩屑颗粒含量与孔隙度关系

（三）长石

长石含量与储层物性有较好的正相关关系(图 4-31)，长石含量越多，储层物性越好。由于川南地区碎屑颗粒中被溶组分主要是长石，其含量越高，溶蚀强度就越大，溶蚀孔隙就越发育。

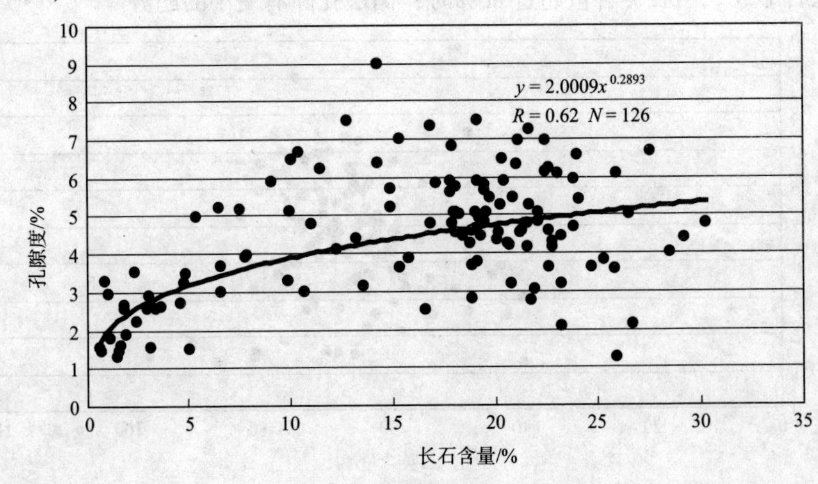

图 4-31 长石含量与孔隙度关系

（四）杂基

川南地区内杂基含量越多，储层物性越差(图 4-32)，杂基含量多，意味着沉积物沉积时水动力能量较弱，或堆积速度过快，造成杂基充填于碎屑颗粒之间，致使孔隙度变差。当杂基含量大于 15%时，储层面孔率一般小于 5%。

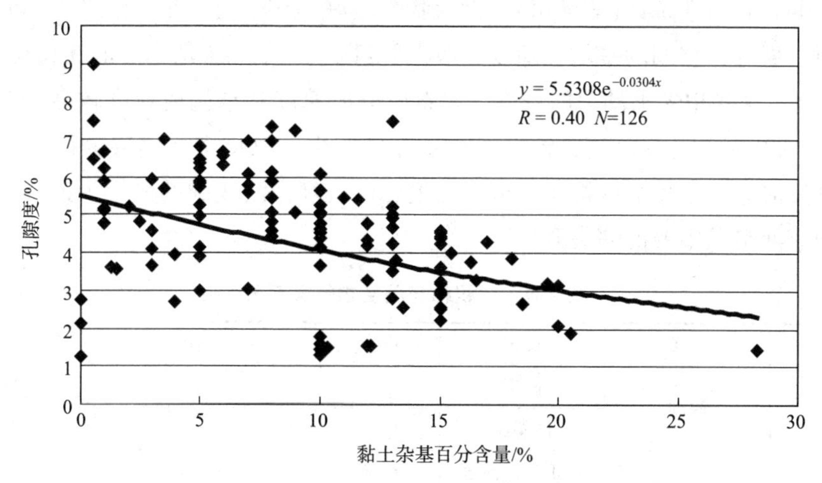

图 4-32　黏土杂基含量与孔隙度关系

（五）粒度

同一地区碎屑颗粒粒度与储层物性有一定的关系(刘宝珺、曾允孚，1985)。川南地区 T3 井、Wa6 井须 61 段粒度分析表明，中砂岩储层物性最好，次为粗砂岩，再次为细砂岩，且相同粒度的岩石物性相差也较大，如中砂岩孔隙度可以从小于 5%到大于 15%(图 4-33)。这种状况主要是由于上述埋藏成岩作用对砂岩储集空间的改造差异造成的。

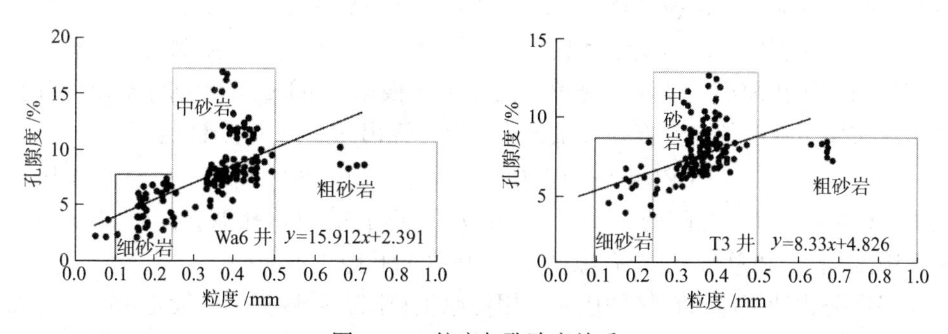

图 4-33　粒度与孔隙度关系

二、沉积相对储层发育的控制

不同沉积环境具有不同的水介质条件，所形成的岩石类型、粒径大小、分选性、磨圆度、杂基含量和岩石的组分等方面均有差异，从而导致不同沉积环境下储层物性有很大差别。

根据岩心物性统计(表 4-4)，储层物性较好的相带有三角洲前缘水下分流河道、河口坝等，它们的平均孔隙度一般在 5%以上，平均渗透率一般在 0.05×10^{-3} μm^2以上。这些相带水动力能量高，岩石成分成熟度和结构成熟度较高，粒度较粗(一般在中砂以上)，分选较好，杂基含量较少。总体上，储层物性以三角洲平原分流河道、三角洲前缘水下分流河道、河口坝及滨浅湖的滩坝为最好，它们也是须家河组最主要的储集砂体。

表 4-4　沉积相与储层物性关系表

相	亚相	微相	孔隙度/%	渗透率/($10^{-3}\mu m^2$)	样品数/个
湖泊相	浅湖	砂坝	6.21	0.22	23
		浅湖泥	0.35	—	2
三角洲相	三角洲前缘	水下分流河道	6.90	0.28	356
		河口坝	5.80	0.28	207
		远砂坝	5.01	0.073	20
		分流间湾	2.40	0.01	13

三、成岩作用对储层物性的影响

(一) 压实作用对储层发育的控制

沉积物被埋藏后，随着上覆沉积物增厚，压力逐渐增大，导致沉积物中水分排出，孔隙度减少，沉积物体积收缩，使岩石向着致密化方向发展。川南须家河组地层埋藏深度较大，压实强度较高，碎屑颗粒之间以点-线接触为主，表现出压实后的粒间孔细小、填隙物充填少的特征。根据 Lundegard(1992)提出的计算砂岩压实作用强度的孔隙度损失量公式，可计算出储层压实减孔量：

$$COPL=P_i-[(100-P_i)\times P_{mc}]/(100-P_{mc}) \tag{4-1}$$

式中，COPL 为砂岩孔隙的压实减孔量；P_i 为砂岩的原始孔隙度；P_{mc} 为负胶结物孔隙度(胶结物总量+现今孔隙度)；其中初始孔隙度取 40%。

根据公式计算所得该区的压实作用使原生粒间孔隙度损失一般是 35%，保留下来的原生粒间孔的孔隙度为 2%～5%。局部层段甚至被完全压实，形成无缝、无孔、无胶结物的压实致密层。

除了埋深这个外界因素外，沉积物本身所含塑性碎屑组分的多少往往对机械压实作用的强度也有较大的影响，同时，碎屑颗粒和填隙物矿物成分及二者的相对含量对机械压实作用起着一定的控制作用。

（二）胶结作用对储层发育的控制

川南须家河组砂岩早-中成岩阶段的硅质、方解石、浊伊利石、浊高岭石、绿泥石这些自生矿物是重要的胶结矿物，当胶结物含量超过10%时，储层面孔率都在5%以下。然而，各种胶结物类型对储层物性的影响是不相同的，硅质胶结物和方解石胶结物对储层物性起显著的破坏作用。绿泥石胶结虽然占据了一定的孔隙空间，但它能阻止石英增生，有效地保护原生粒间孔隙，其结果是一种建设性成岩作用。在铸体薄片观察过程中，我们还发现，有些绿泥石胶结物是充填在原生粒间孔隙之间的，属于成岩早期的产物；而有些绿泥石胶结物充填了溶蚀孔隙，可能是成岩晚期，有机质成熟释放出CO_2（肖玲等，2007），有机酸溶蚀长石颗粒或胶结物后，绿泥石胶结物再充填溶蚀孔隙。同样，高岭石胶结物本身虽然占据了一定的孔隙空间，但高岭石胶结物是表生期的产物，溶蚀形成的溶蚀孔隙空间大于高岭石的体积。其他胶结物由于含量很少，对储层物性影响不大。

（三）溶蚀作用对储层发育的控制

研究表明，各种类型的干酪根（Ⅰ型、Ⅱ型、Ⅲ型）均可产生有机酸，但Ⅲ型干酪根是产生羧酸的最好原料，其转化率比Ⅰ型和Ⅱ型较高，是十分重要的产生有机酸（和酚）的物质，它产生的二元酸比一元酸要多，而二元酸的溶解能力要比一元酸强（于兴河，2000）。煤岩的有机质类型多为Ⅲ型干酪根，因此煤系地层砂岩的溶解作用十分普遍。川南须家河地层为典型的煤系地层，溶蚀作用是须家河组储层中最有效的建设性成岩作用之一，它能形成大量次生孔隙。据铸体薄片观察统计，川南须家河组储层孔隙是以经过成岩改造的粒间孔为主，溶蚀作用形成的粒内溶孔及晶间微孔的发育使储层性质进一步得到改善。其中，长石被溶蚀的现象最为普遍和强烈。随着深度的增加，压实作用越来越强，在不受其他成岩作用影响的情况下，声波会随着深度的增加越来越快，相应需要的时间也越来越短。图4-34是川南地区T18井声波时差、中子随深度变化关系图。从图中我们可以看出1900~2000m、2100m左右、2200m左右有3个声波时差异常带，对应的孔隙度增大，这可能就是受溶蚀作用影响的3个次生孔隙发育带。

四、构造作用对储层物性的影响

构造运动的发展和演化对四川盆地须家河组油气藏的形成和保存起一定的控制作用。燕山旋回的构造运动盆地内褶皱不明显，主要是强烈的抬升，造成侏罗系地层大幅度被剥蚀。晚白垩世以来的喜山运动使四川盆地地层全面褶皱抬升，波及幅度大，在水平应力场的作用下，发生了以纵弯褶皱为主的构造变形，与此

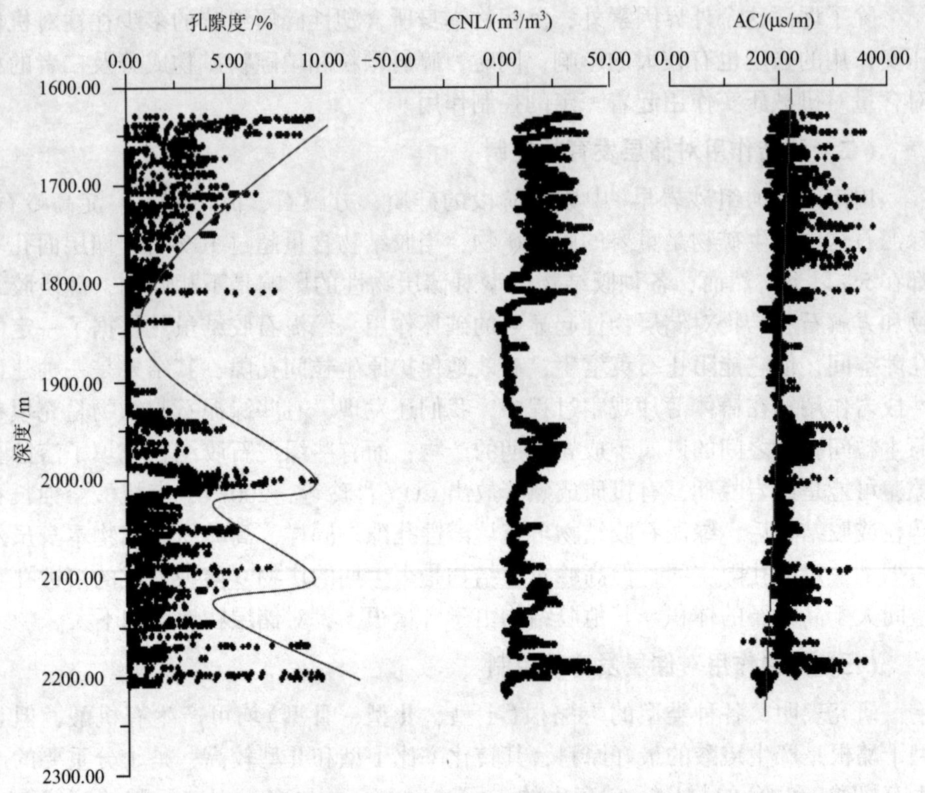

图 4-34 T18 井声波随深度变化关系图

同时，产生了不同力学性质的纵向裂缝、水平裂缝以及逆冲断层。这些构造破裂组成裂缝发育带，可以改善储层的渗透性，也使一些致密层经改造后成为具工业价值的产层。

川南须家河组储层基质孔隙度和渗透率都较低，为低孔低渗致密储层，当有构造裂缝出现时，储层渗透率能得到极大地提高，部分地区储层的高产就与构造裂缝的发育有关。

总之，在影响储层物性的众多因素中，沉积作用是基础，在宏观上控制储层的分布；成岩作用是关键，它最终决定储层物性的好坏；构造作用是储层高产的重要条件。

第五节 储层类型与分类

一、储层类型

根据铸体薄片鉴定结果，结合川南地区岩心物性分析成果，川南地区储层类型为孔隙型储层、孔隙-裂缝型储层。图 4-35 为川南地区岩心物性分析得出的孔隙度与渗透率相关图。图4-35(a)反映的川南须家河组孔隙度与渗透率呈正相关性，相关系数 R 为0.725。其中，$T_3x_6^3$段孔隙度与渗透率相关性较差，主要为裂缝型储层[图4-35(b)]；$T_3x_6^1$段孔隙度与渗透率相关性较好，相关系数 R 为0.71，以孔隙型储层为主，局部为裂缝型储层[图4-35(c)]；T_3x_4段孔隙度与渗透率相关性好，R 为0.92，表明储层为孔隙型储层。

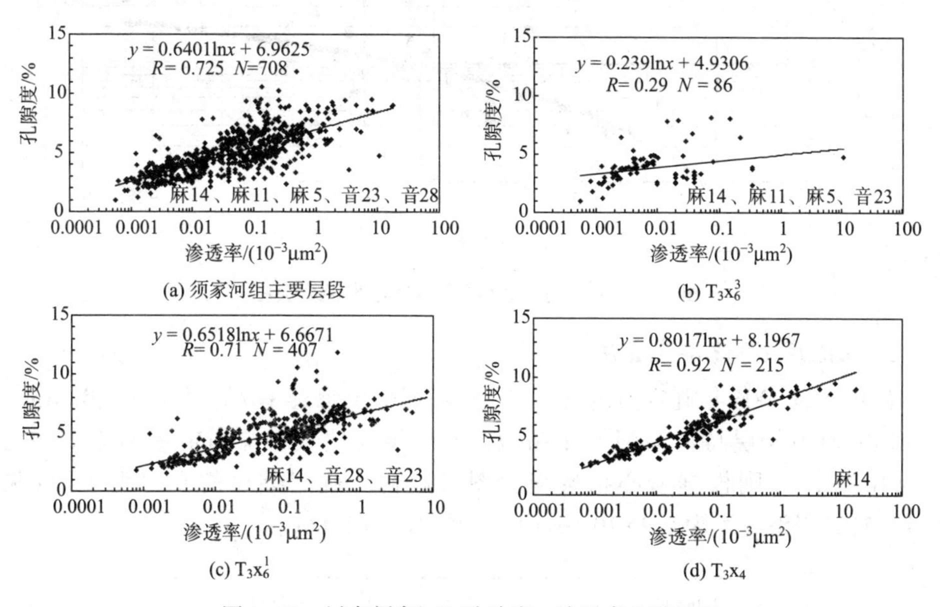

图4-35　川南须家河组孔隙度、渗透率相关性图

二、储层分类

(一) 储层物性下限的确定

储层孔隙度下限的确定有很多种方法，通常采用多种方法分别确定各自下限后，综合分析，最终采取最为合理的下限。川南须家河组钻井取心资料很少，分析资料不全，试采资料贫乏，储层孔隙度下限的确定较困难。因此，我们利用分析资料较多的压汞、孔渗资料进行储层下限的确定。

1. 孔隙度-中值喉道交会法

一般认为，划分储层物性下限关键的参数是喉道宽度，因为喉道是连接孔隙之间最狭小的通道。将吸附在孔、喉壁上的吸附水膜的厚度作为储气喉道的下限值，只有半径大于该值的喉道才是有效的。根据对实验结果的综合分析，碎屑岩储层喉道半径值为0.1μm。

根据川南地区51件压汞分析资料所作的岩心孔隙度与中值喉道半径交会图(图4-36)，以储层喉道下限0.1μm，得到孔隙度为5.1%。

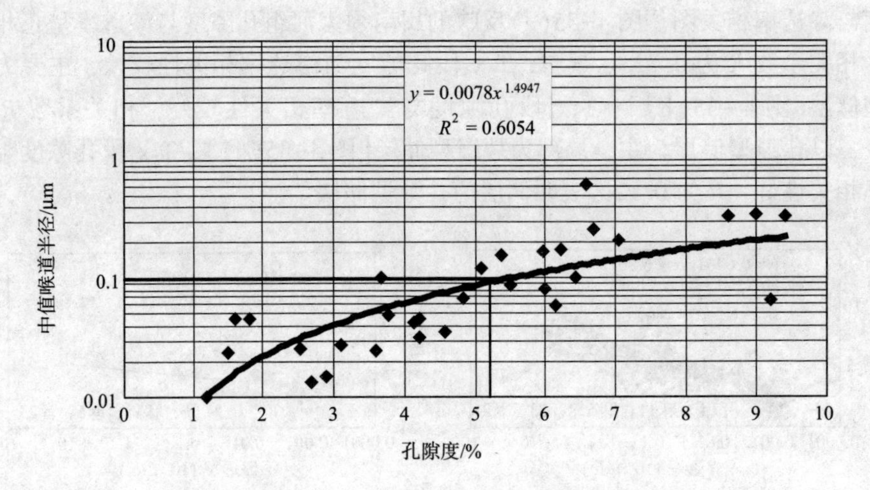

图 4-36　岩心孔隙度与中值喉道半径交会图

2. 孔隙度-渗透率交会法

彭祚远等 2006 年确定河包场须二、须四段储层渗透率下限为 $0.1\times10^{-3}\mu m^2$。川南须家河组储层特征与河包场相似，若满足天然气渗流所需渗透率下限为 $0.1\times10^{-3}\mu m^2$，则根据岩心物性交会图可以初步确定储层的孔隙度下限(见图 4-37)，当渗透率为 $0.1\times10^{-3}\mu m^2$时，孔隙度为 5.0%。

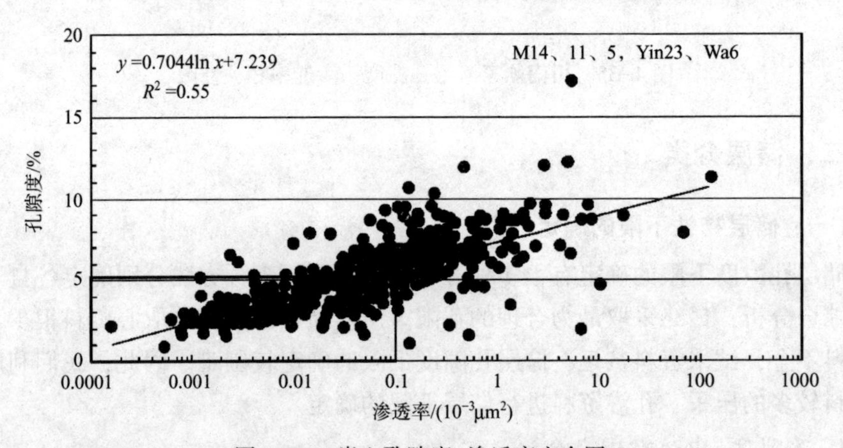

图 4-37　岩心孔隙度-渗透率交会图

综合分析得出，川南须家河组有效储层孔隙度下限为 5.0%。

(二) 储层分类

以蜀南气矿须家河组储层分类标准为基础(表 4-5)，结合川南地区储层物性下限研究成果，综合考虑储层岩石学特征、物性特征和孔隙结构参数等指标，采用以物性和孔隙结构为核心的综合分类方案，取相邻整数值为分类界线，对川南须家河组砂岩储层进行分类，可划分出 4 个类别的储层(见表 4-6)，各类储层的典型毛管压力曲线如图 4-38~图 4-41 所示，其中Ⅰ类储层为较好储层，Ⅱ类为中等储层，Ⅲ类为较差储层，而Ⅳ类为极差或非储层。

表 4-5 蜀南气矿须家河组储层分类标准

类别	Ⅰ	Ⅱ	Ⅲ	Ⅳ
孔隙度/%	>15	15~10	10~物性下限孔隙度	<物性下限孔隙度
渗透率/($10^{-3}\mu m^2$)	>5	5~1.0	1.0~物性下渗透率	<物性下限渗透率

表 4-6 川南须家河组储层分类评价表

参数	类别Ⅰ	类别Ⅱ	类别Ⅲ	类别Ⅳ
岩性	中、粗砂岩	中、粗砂岩	中、细砂岩	细、粉砂岩
沉积相类型	水下分流河道	水下分流河道、河口砂坝	河口砂坝、水下分流河道	水下天然堤
孔隙度/%	>15	15~10	10~5	<5
渗透率/($10^{-3}\mu m^2$)	>5	5~1.0	1.0~0.1	<0.1
初始排驱压力 P_{c10}/MPa	川南地区基本不发育此类储层	<0.3	0.3~1.5	>1.5
最大孔喉半径 R_{c10}/μm	川南地区基本不发育此类储层	1.0~3.0	0.5~1.0	<0.5
中值排驱压力 P_{c50}/MPa	川南地区基本不发育此类储层	3.0~5.0	5.0~13.0	>13.0
中值孔喉半径 R_{c50}/μm	川南地区基本不发育此类储层	0.10~0.50	0.05~0.10	<0.05
最大进汞量	川南地区基本不发育此类储层	90~80	80~70	<70
孔喉组合	川南地区基本不发育此类储层	中小孔-细喉	小孔-微喉	微孔-微喉
孔隙类型	川南地区基本不发育此类储层	粒间孔、粒内溶孔	粒内溶孔，少量粒间孔和基质孔	基质孔，少量粒内溶孔
综合评价	好储层	中等储层	较差储层	极差储层或非储层

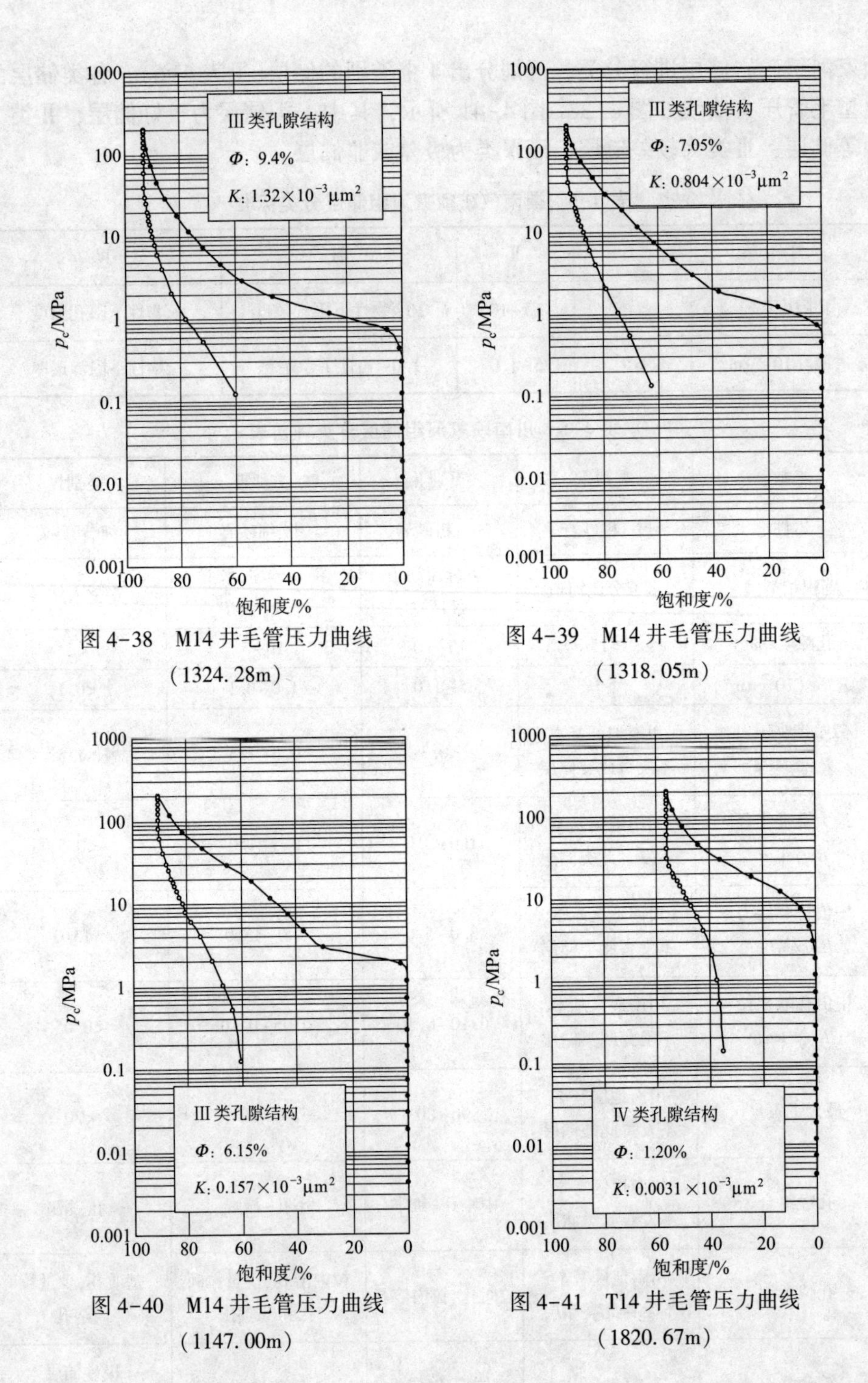

图4-38　M14井毛管压力曲线（1324.28m）

图4-39　M14井毛管压力曲线（1318.05m）

图4-40　M14井毛管压力曲线（1147.00m）

图4-41　T14井毛管压力曲线（1820.67m）

（1）Ⅰ类储层：孔隙度>15%，渗透率>$5\times10^{-3}\mu m^2$，川南地区基本不发育该类储层。

（2）Ⅱ类储层：孔隙度>10%，渗透率>$1.0\times10^{-3}\mu m^2$，最大进汞饱和度大于90%，孔隙结构相对好，毛管压力曲线为分选中-好，歪度为中歪度。初始排驱压力 P_{c10}<0.3MPa，中值排驱压力 P_{c50}<5MPa，最大孔喉半径 R_{c10}<3μm，中值孔喉半径 R_{c50}<0.5μm，孔隙类型主要为粒间孔，少量粒内溶孔，喉道类型主要为缩颈喉道，少量片状喉道，属于中小孔—中细喉组合的典型单一介质孔隙型储层。为川南须家河组储层最好和最重要的储层孔隙结构类型。

（3）Ⅲ类储层：孔隙度10%～5%，渗透率$(0.1\sim1.0)\times10^{-3}\mu m^2$，最大进汞饱和度大于70%，孔隙结构相对较差，毛管压力曲线为分选较差，歪度为较细歪度（图4-38～图4-40）。初始排驱压力 P_{c10}=0.8～1.5MPa，中值排驱压力 P_{c50}=5～15MPa，0.5<最大孔喉半径（R_{c10}）<1.0μm，0.05μm<中值孔喉半径（R_{c50}）<1.0μm，孔隙类型主要为粒内溶孔，少量粒间孔和基质孔，喉道类型主要为片状喉道，少量缩颈喉道和管束状喉道，孔隙细小，分选很差，属于小孔～细喉组合类型，储集性能较差。

（4）Ⅳ类孔隙结构：孔隙度<5%，渗透率<$0.1\times10^{-3}\mu m^2$，最大进汞饱和度一般小于70%，孔隙结构很差，为单峰细歪度（图4-41）。初始排驱压力 P_{c10}>1.5MPa，中值排驱压力 P_{c50}>15MPa，最大孔喉半径 R_{c10}<0.5μm，中值孔喉半径 R_{c50}<0.05μm，孔隙类型主要为基质孔，少量粒内溶孔，喉道类型主要为管束状喉道，少量片状喉道。该类储层一般情况下无天然气产能，为非有效储层，仅当裂缝发育时，方可产出天然气，形成裂缝—孔隙型储层。

第五章 低渗透储层测井解释、识别及分布

第一节 测井资料标准化

测井资料标准化是在肯定资料质量的基础上，考虑对哪类测井曲线进行趋势分析，对哪类测井曲线进行标准化以及如何标准化，进而建立解释模型，获得准确的、高精度的储层参数。

测井原始数据的误差除环境因素的影响外，另一个主要来源则是由于仪器刻度的不精确性。对一个油气田来说，在勘探与开发过程中，很难保证所有井都采用同类型的测井仪器、统一的标准刻度器并以同样的方式操作。这样就会在井与井之间引入以刻度为主的系统误差。另外，井与井之间的测井误差还可能来自环境校正图版的差异及校正不完善等因素。因此，对于区域研究来说，即使对原始测井数据进行了环境校正，也有必要对测井数据进行标准化处理，以便在更高程度上消除仪器刻度的不精确性所造成的影响。测井数据标准化处理的实质是利用同一油气田的同一层段往往具有相似的地质-地球物理特性，规定了测井数据具有自身的相似分布规律。因此，一旦建立各类数据的油气田标准分布模式，就可以对油气田各井的测井数据进行整体的综合分析，达到全油气田范围内测井数据的标准化。

测井资料标准化方法较多，有直方图平移法(极值法)、趋势面法。无论采用哪种方法，都不能改变测井曲线的特征变化和油气田整体的测井资料变化趋势。本章的标准化采用趋势面法。

对于一个油气田来说，实际地质参数在横向上都有一定的变化，在陆相沉积地层中表现得尤为明显。也就是说，标准层的测井响应在横向上不是稳定不变的，而是具有某种规律的渐变，即可视为趋势变化面。趋势面分析法的基本思路是：对标准层的测井响应可用多项式趋势面作图，并认为与地层原始趋势面具有一致性，若趋势面分析的残差图仅为随机变量，则是测井刻度误差所造成的；若存在一组残差值，可能是局部岩性变化所致。

对测井数据标准化来说，最为重要的一点就是选好标准层。下面首先来讨论标准层的选择。

标准层是指在全区广泛分布、厚度稳定、岩性单一、电性特征明显的非渗透岩层。一般标准层应符合下列条件：

(1) 分布在目的层系的中间、顶部或底部；

(2) 不受油气和物性影响的非渗透层，如致密的石灰岩、硬石膏或较纯的泥岩；

(3) 在横向上电性稳定或有规律变化，可对比井达到80%以上，在纵向上厚度分布稳定，其厚度一般不小于5m；

(4) 岩性均一，隔夹层少。

我们选取 $T_3x_6^2$底部全区稳定分布的泥岩段作为标准层段。该层厚度相对稳定，各井均在10m左右，电性稳定，深度差异小。

先作出各井标准层的各类测井曲线直方图，确定分布频率及峰值，将峰值视为标准层的代表值并将其记入数据库中，然后用趋势面分析方法处理这些数据。由于选择的标准层个数可以是一个也可以是两个，各井标准化校正量的计算方法视标准层的个数而定。

一、一个标准层

如果选定的标准层只有一个，其标准化校正量的计算方法为：

(1) 对于关键井，趋势面分析的残差值就是其校正量，即：

$$Z_{nor}=Z_{sh}+\Delta Z \tag{5-1}$$

式中，Z_{nor}为标准化后的测井响应值；Z_{sh}为测井原始数据；ΔZ 为该井趋势面分析的残差值。

(2) 对于检查井(未参加趋势面分析的井)，其标准化校正量为井点所处的趋势值与标准层测井的峰值之差。即有如下关系式：

$$Z_{nor}=Z_{sh}+\Delta Z \tag{5-2}$$

式中，Z_{nor}为标准化后的测井响应值；Z_{sh}为测井原始数据；ΔZ 为井点趋势值与特征峰值之差。

二、两个标准层

如果选定的标准层有两个，且一层疏松，另一层致密，则计算公式如下：

$$\Delta t_{nor}=\frac{(\Delta t-\Delta t_{any})(\Delta t_{shtr}-\Delta t_{angtr})}{\Delta t_{sh}-\Delta t_{any}}+\Delta t_{angtr} \tag{5-3}$$

式中，Δt_{nor}为标准化后的测井响应；Δt 为标准化前的测井响应；Δt_{any}为致密层测井响应特征峰值；Δt_{angtr}为致密层的趋势值；Δt_{sh}为疏松层的测井响应特征峰值；

Δt_{shtr}为疏松层的趋势值。

标准化后的测井曲线既保留了原曲线的变化特征(图 5-1、图 5-2)，又使区域上同一类型的资料在对比了相同标准值后仍发生变化，这种变化是消除干扰后地层本身的变化。此外，标准化后使气水层判别有了统一的曲线标准，促使判别结果的准确性提高，也为以后用于资料处理和特殊分析奠定了很好的基础。

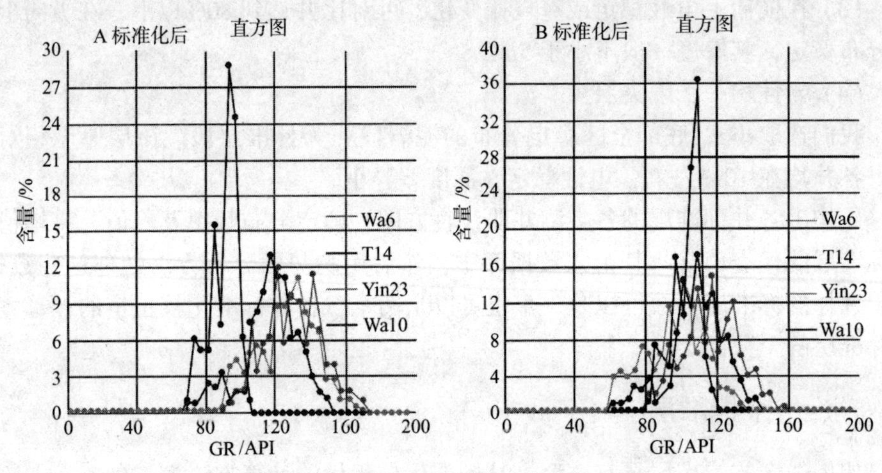

图 5-1　GR 曲线标准化前后直方图

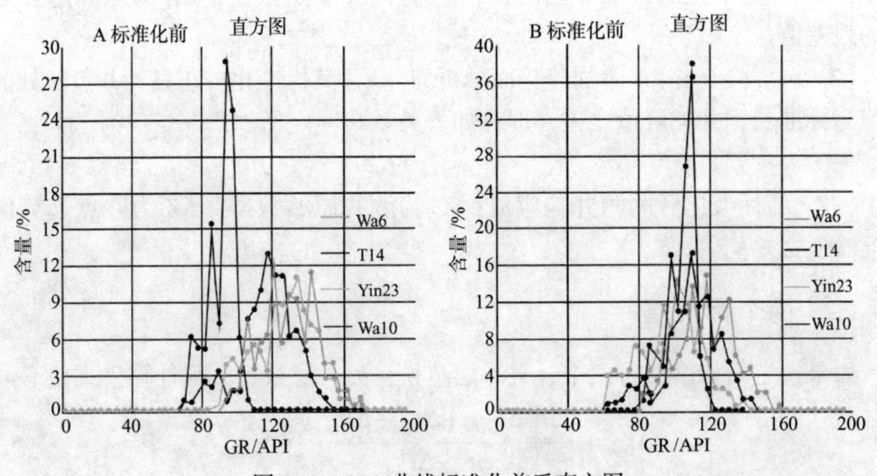

图 5-2　CNL 曲线标准化前后直方图

第二节　须家河组岩性测井响应特征

须家河组地层岩性较复杂，以泥岩、砂岩为主，在部分井的须家河底部含有少量灰岩、白云岩和硬石膏团块。

一、纯砂岩

纯砂岩的测井响应为低 GR、低声波、低中子、高密度、高电阻，如图 5-3 所示。该井段为纯砂岩井段，低 GR 值，密度达 2.65g/cm^3 以上，中子约为 3，电阻率大于 200Ω · m。

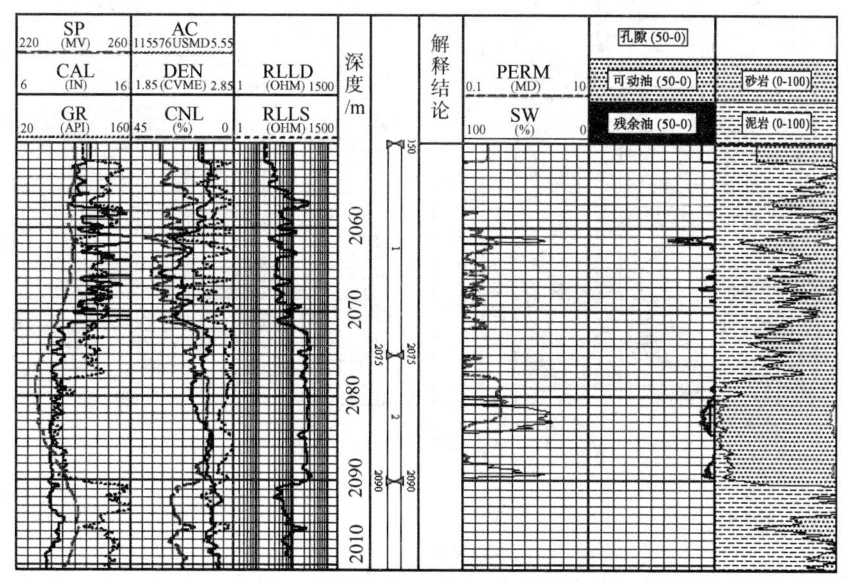

图 5-3　Yin23 井纯砂岩测井响应特征图（2080~2090m）

二、纯泥岩

纯泥岩的测井响应是高 GR、高声波、高中子、低密度、低电阻，如图 5-4 所示。GR 值为高值，密度低于 2.5g/cm^3，声波大于 70us/ft，高中子值，电阻率为低值。表 5-1 为川南须家河组砂泥岩测井参数识别表。

表 5-1　川南须家河组砂泥岩测井参数识别表

测井参数	纯砂岩	纯泥岩
自然伽马/API	30~70	120~140
声波/(μs/ft)	45~55	70~90
中子数	2~5	15~21

续表

测井参数	纯砂岩	纯泥岩
密度/(g/cm³)	2.65~2.7	2.4~2.5
电阻率/(Ω·m)	>300	<200

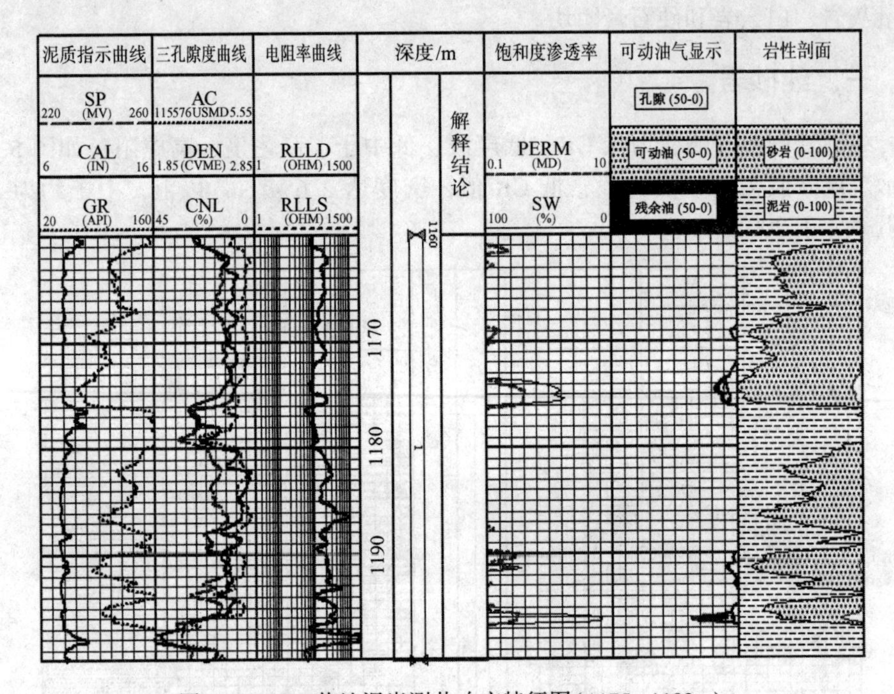

图 5-4 Wa6 井纯泥岩测井响应特征图(1175~1182m)

三、煤层

煤层的测井响应表现为低伽马、低密度、高电阻率、高中子、高声波、井径扩径，中子大于 30，声波时差大于 90μs/ft，密度为 1.8~2.3g/cm³，电阻率低于 200Ω·m，按通常的曲线刻度，所有的测井曲线向一个方向突起，上下围岩通常为泥岩。有时，自然伽马可表现为高值。

第三节 岩心刻度测井及测井解释模型建立

一、岩心刻度测井

钻井取心由于采收率不高以及岩心残余厚度估算不准等原因，常常造成录井深度与实际深度间存在偏差，相对而言，测井记录的深度要准确得多(吴元燕，1996)。对岩心分析资料进行收集、整理，并进行分析、处理是非常必要的，因为岩心分析资料与测井响应存在以下差异：

第一，岩心分析资料为间断采样，样品间距不一；而测井信息为连续采样，采样间距均匀、一致。

第二，岩心分析资料基本代表某一深度点有限空间(岩样大小)的岩石(物性)特征，而测井信息反映某一深度点，具有一定空间展布的岩石(物性)特征，空间展布的大小取决于测井仪器的纵向分辨率和径向探测深度。

第三，由于取心过程不连续，有时伴有岩心破碎现象，造成岩心归位有可能深度不准确，而测井作业连续，测井响应与深度具有良好的对应关系。

建立解释模型之前，将采样点深度校正到测井深度是必不可少的。该方法通过整体或局部移动样品深度，使二者具有最佳偶合关系，达到岩心归位的目的，使计算的孔隙度符合真实地质情况。常用的归位方法多为：

① 不等距采样的岩心数据体与自然伽马、孔隙度测井(声波、密度、中子等)曲线重叠对比，根据曲线的相似性将岩心以成组搬家的形式校正到测井的深度；

② 利用岩心分析的孔隙度与由测井曲线计算的孔隙度进行对比，对岩心按测井深度以成组搬家的形式归位。

(一) 岩心资料数据库建立

以井名、归位井深、孔隙度、含水饱和度、渗透率等作为数据库的字段名，建立起数据库结构，然后将岩心样品分析数据收录入库，这样，就建立起了岩心分析资料数据库。

(二) 岩心资料分析处理

1. 对岩心分析数据进行深度归位校正

虽然输入到数据库的岩心分析资料是经过了深度归位的，但不是很准确，直接用来与测井信息进行对比分析，便会发现有错位现象(见图5-5)。因此，还需结合测井信息对岩心资料做进一步的深度校正(见图5-6)。

2. 形成岩心-测井数据库

将处理后的岩心数据与测井数据合并，便可形成岩心-测井数据库。

二、测井解释模型建立

通过储层测井响应特征分析、岩心分析资料刻度测井资料，结合实际测井资料可以合理地确定测井解释模型及解释参数。利用直方图或交会图，研究给定井段内测井值或地层参数的统计分布特征，结合测井曲线特征来选取合适的解释参数。

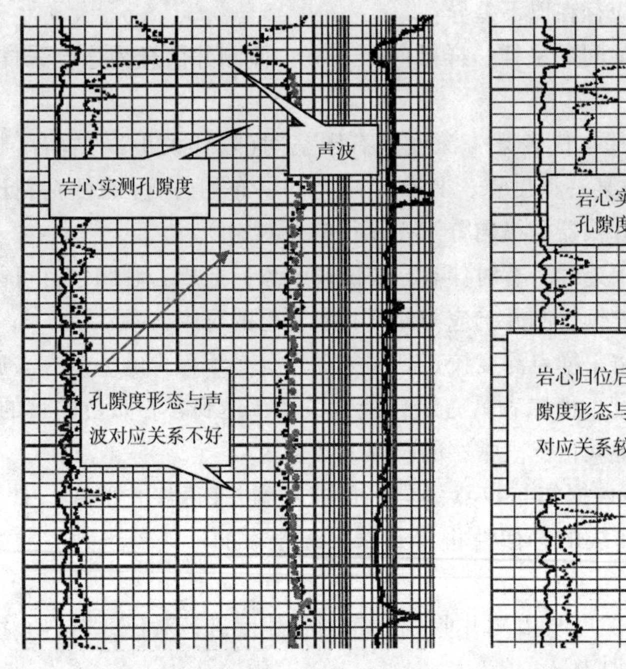

图 5-5　Wa6 井岩心归位之前　　　　图 5-6　Wa6 井岩心归位之后

根据川南须家河地层的岩性特征，建立了由砂岩、泥岩、孔隙组成的岩石体积模型。在岩心分析资料的基础上建立了用测井资料计算的泥质含量、孔隙度、含水饱和度及渗透率的测井响应方程。具体方法如下：

（一）泥质含量

须家河组致密碎屑岩地层的显著特点：岩性致密、孔隙度低。测井特征必然体现出高电阻率、相对密度测值大、中子低、声波时差小等综合测井背景，导致泥质含量的计算不可能用自然电位、电阻率、中子等方法。通过对比，认为自然伽马测井对地层泥质含量的反映较好。我们采用自然伽马曲线计算泥质含量，其计算公式如下：

$$SH=\frac{GR-GR_{min}}{GR_{max}-GR_{min}} \tag{5-4}$$

$$V_{SH}=\frac{2^{2SH}-1}{2^{2}-1} \tag{5-5}$$

式中，V_{SH}为地层泥质含量；SH 为泥质指数；GR、GR_{max}、GR_{min}分别为地层自然伽马(或无铀曲线)测井值、最大值、最小值。

不同地区沉积环境不会完全相同，因此，地层泥质的特性也不会完全相同，不同的层位和岩性泥质的压实程度和分布状态不同。在处理测井资料时，泥质参数选择范围相对要大一些。通常，泥质的中子、密度、声波参数是根据处理井段泥岩层段的实际测井值选取，如处理井段无纯泥岩层，则根据泥质含量较高的层段和地区经验来选择。

（二）孔隙度

由于川南地区老井中测井项目较少，加上多使用重泥浆压井，补偿中子、电阻率等资料质量受到不同程度的影响，因此，我们以常规物性分析孔隙度为依据，并将分析结果在测井曲线上准确归位，通过交会图分析手段，分别建立声波时差与岩心分析孔隙度的相互关系，从而得到孔隙度的初始模型。

该回归方程为：

$$\Phi_{心}=0.4933\Delta t-24.963 \tag{5-6}$$

$$N=164,\ R=0.76$$

式中，$\Phi_{心}$ 为岩心分析孔隙度；Δt 为声波时差。

称式(5-6)为初始模型，是因为它仅是声波时差与分析资料的简单线性函数关系，相关系数为0.756(图5-7)，说明岩心归位的可靠性。实际上，有效孔隙度需经过泥质校正。准确的模型是以式(5-7)为基础，结合适当的泥质含量和泥岩声波时差测值求解孔隙度。

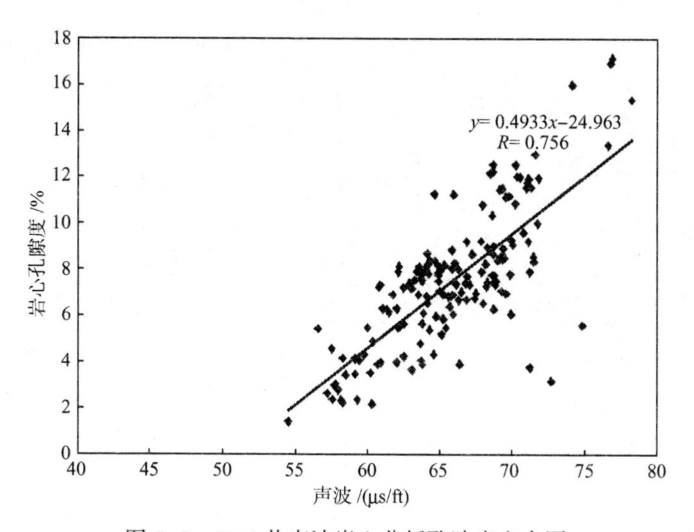

图5-7 Wa6井声波岩心分析孔隙度交会图

$$\Phi=\frac{\Delta t-\Delta t_{ma}}{\Delta t_{f}-\Delta t_{ma}}\times\frac{1}{CP}-V_{sh}\times\frac{\Delta t_{sh}-\Delta t_{ma}}{\Delta t_{f}-\Delta t_{ma}} \tag{5-7}$$

式中，Δt_{f} 为流体声波时差，取标准值189μs/ft；Δt_{sh}为泥岩声波时差，由测井资料求取，μs/m；V_{sh}为泥质含量，由前述模型确定；Δt_{ma}为岩石视骨架声波时差，$\Delta t=182$μs/m；CP 为压实校正系数，取1~1.2；Φ 为声波计算孔隙度。

实际孔隙度计算过程由式(5-7)完成。

(三) 地层含水饱和度的确定

采用阿尔奇公式计算地层含水饱和度，公式为：

$$SW=\sqrt[N]{A\times B\times RW/(\Phi^{M}\times RT)} \quad (5-8)$$

式中，A 为常数，取值 0.62；B 为常数，取值 1；N 为饱和度指数，取值 2；M 为胶结指数；Φ 为地层孔隙度，小数；RT 为地层电阻率，Ω · m；RW 为地层水电阻率，Ω · m。

(四) 渗透率

目前，利用测井资料计算渗透率，只能达到数量级的精度。所以，只能称作“估计”，而且只能对具有粒间孔隙的储集层进行估计。渗透率是一个受孔隙度大小、孔隙结构、喉道大小、泥质含量、黏土类型、裂缝等多因素影响的参数。通常，可以通过岩心分析渗透率与测井曲线或测井曲线计算的参数(如孔隙度)直接建立关系，但由于渗透率受影响因素较多，并且工区取心资料较少，渗透率与孔隙度相关关系也不太好，因此，川南地区采用以下经验公式计算渗透率：

$$K=(750\Phi/\mathrm{SIRR})^{2} \quad (5-9)$$

式中，Φ 为地层孔隙度，由测井资料求取；SIRR 为束缚水饱和度。

在确定 SIRR 的过程中，根据渗透率计算结果与岩心分析渗透率对比情况进行调整，当束缚水饱和度为 10%时，测井计算的渗透率与岩心分析渗透率相关性最好，二者的相关系数最高(图 5-8)。因此，最终确定束缚水饱和度为 10%。

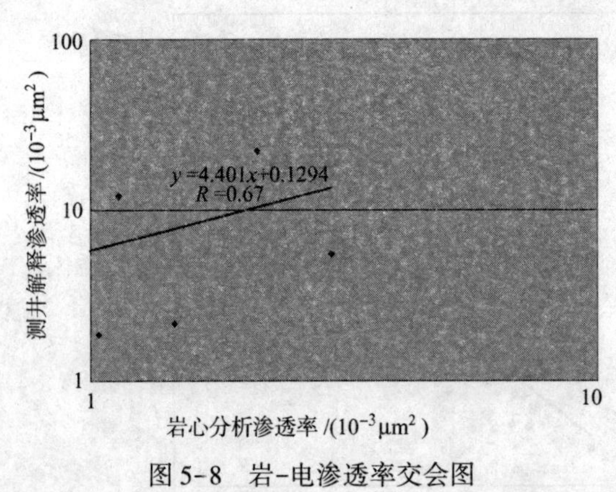

图 5-8 岩-电渗透率交会图

三、解释参数选取

由于川南地区无岩电实验数据，我们均采用各种交会图技术，结合地质资料来确定测井数字处理过程中所需的参数。

(一) 骨架参数的确定

从前面分析可知，川南地区岩性主要有泥岩、砂岩，而砂岩主要是石英砂岩，有较低含量的长石砂岩。结合川南地区地层特征，砂岩骨架值声波取

55.5us/ft，中子为1p.u，补偿密度为2.65g/cm^3。

（二）泥质参数选取

在计算含泥地层的孔隙度和含水饱和度时，为消除泥质的影响，除需要知道泥质的百分含量外，还需要知道泥质的测井响应值。如泥质的中子值(N_{SH})、泥质的密度(D_{SH})、泥质的时差(T_{SH})、泥质的电阻率(R_{SH})以及泥质的自然伽马(GR_{MX})等，利用交会图分析统计各井的泥质参数。如Wa 6井的$GR_{MX}=160$，$N_{SH}=30$，$T_{SH}=80$，$D_{SH}=2.6$，$R_{SH}=110$(图5-9)。

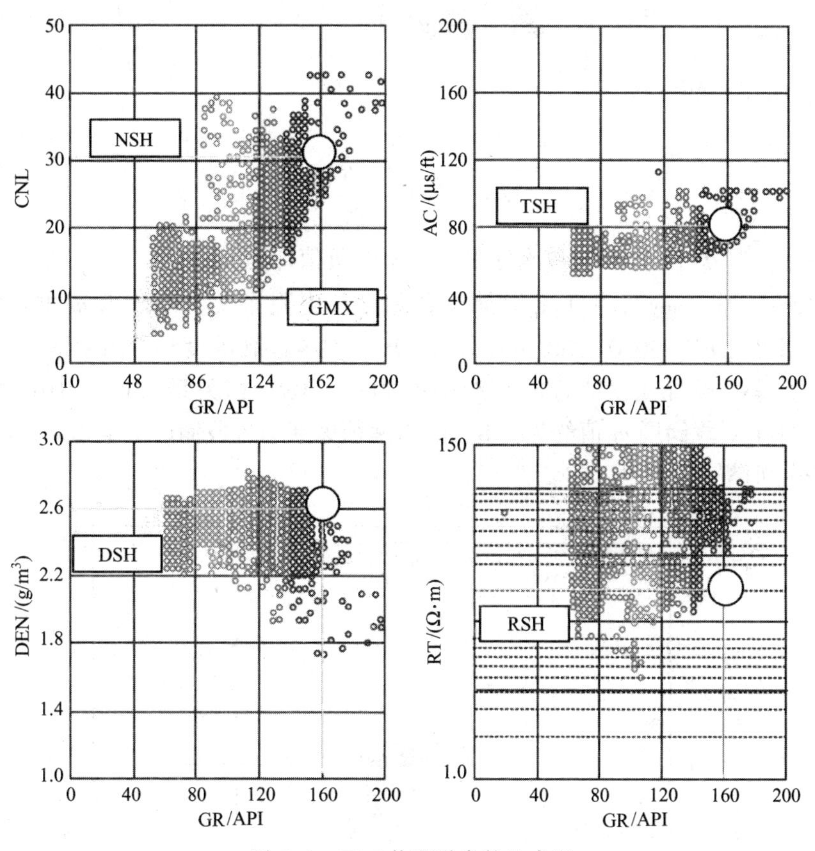

图5-9　Wa6井泥质参数的求解

（三）*m*值的确定

我们可以利用纯水层段的电阻率和声波资料确定孔隙度指数*m*值，其理论依据为：

将阿尔奇公式：

$$F=\frac{R_0}{R_W}=\frac{a}{\Phi^m} \tag{5-10}$$

和：

$$I=\frac{R_t}{R_0} \tag{5-11}$$

合并得：

$$Rt=\frac{abR_W}{S_W^n\Phi^m} \tag{5-12}$$

两边取对数：

$$\lg R_t=-m\lg\Phi+\lg\left(\frac{abR_W}{S_W^n}\right) \tag{5-13}$$

令 $y=\lg Rt$，$x=\lg\Phi$

则有：

$$y=-mx+\lg\left(\frac{abR_W}{S_W^n}\right) \tag{5-14}$$

可见，在 Φ 和 R_t 双对数坐标中，斜率的负值即为 m 值。

图 5-10 为 Gong34 井 $T_3x_6^3$段储层孔隙度与电阻率交会图法求 m 值示意图。Gong34 井 $T_3x_6^3$段(850.0~900.0m)为水层段；在该段孔隙度和电阻率双对数坐标中，点子呈一条直线，拟合的直线斜率为-1.803，相关系数达 0.916，因此，Gong34 井 $T_3x_6^3$段储层 m 值约为 1.8。而川南须家河组各段储层基本相同，所以取川南须家河储层 m 值为 1.8。

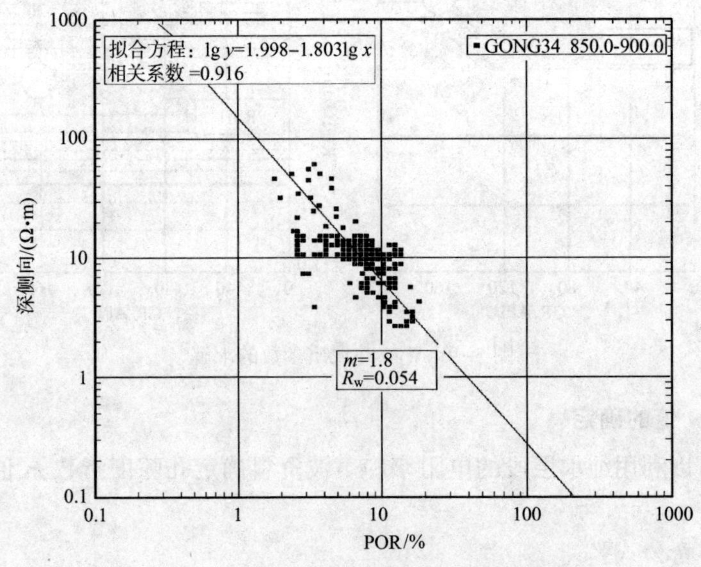

图 5-10 Gong34 井 $T_3x_6^3$段孔隙度电阻率交会图

(四) 地层水电阻率(R_W)的确定

地层水电阻率通常利用水分析资料换算查“NaCl 溶液矿化度与电阻率温度的关系图版”(丁次乾，1992)求得。表 5-2 为川南地区水分析资料统计表。另外，也可以根据水层段的测井资料求得，在孔隙度电阻率双对数坐标中，读出水线上的孔隙度值和电阻率值，再计算地层水电阻率(R_W)值，如图 5-10 中计算的须六段地层水电阻率(R_W)值为 0.054Ω · m。

表 5-2　工区须家河组水分析资料统计表

井名	层位	阳离子/(mg/L)	阴离子/(mg/L)	总矿化度/(g/L)	pH 值	水型
Wa7 井	$T_3x_3^6$	64622	102646	167.27	—	$CaCl_2$
Wa8 井	$T_3x_3^6$	63101	100311	163.41	—	$CaCl_2$

Wa7 井和 Wa8 井 $T_3x_6^3$段有准确的水分析资料，根据水分析资料换算，查“Nacl 溶液矿化度与电阻率温度的关系图版”(丁次乾，1992)得出 Wa7 井和 Wa8 井 $T_3x_6^3$段地层水电阻率(R_W)分别为 0.051Ω · m 和 0.055Ω · m。综合考虑所有储层段和地质情况，取川南地区地层水电阻率(R_W)为 0.055Ω · m。

通过上述多种方法，我们确定川南须家河组关储层测井资料处理参数如表 5-3 所示。

表 5-3　川南须家河储层测井处理参数表

<table>
<tr><td>矿物骨架</td><td>砂岩</td><td>中子=1.0p.u，声波=55.5μs/ft，密度=2.6g/cm^3</td></tr>
<tr><td rowspan="2">泥质参数</td><td colspan="2">泥质含量最低值为 30API，泥质含量最高值为 160API</td></tr>
<tr><td colspan="2">CNL=30%，AC=80μs/ft</td></tr>
<tr><td>地层水</td><td colspan="2">CNL=100%，AC=189μs/ft，R_w=0.055Ω · m</td></tr>
<tr><td>岩电参数</td><td colspan="2">$m=1.8$，$n=2$，$a=1$，$b=1$</td></tr>
</table>

第四节　模型可信度分析

为了检验测井计算孔隙度的可信度，选择 Wa6 井、Yin23 井作岩电关系图并建立相应关系式(图 5-11、图 5-12)。

由统计分析可见，尽管测井资料计算的孔隙度和岩心分析孔隙度仍有一定差别，但相关系数达到 0.81~0.85，能够满足储量规范要求，因此，测井计算的孔隙度是基本可信的。

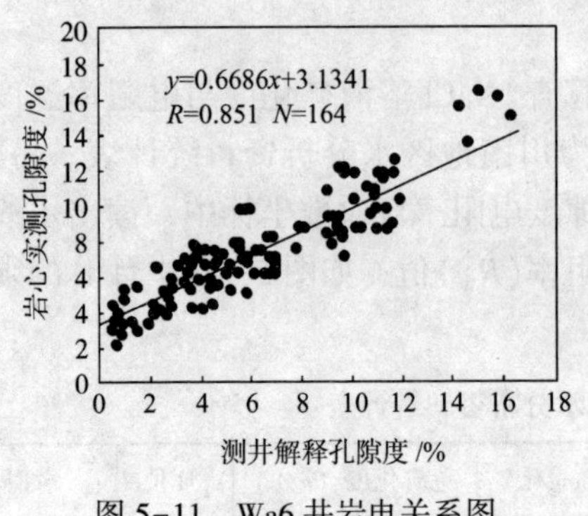

图 5-11 Wa6 井岩电关系图

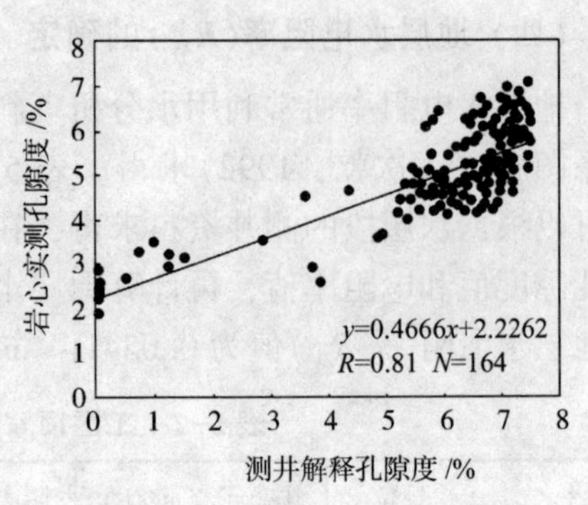

图 5-12 Yin23 井岩电关系图

第五节 储层识别及分布特征

测井资料标准化处理后，根据解释模型及选取的参数，对川南地区各构造的测井资料进行处理，以孔隙度5%为下限，对各井储层进行识别和统计(表5-4)。在此基础上，编制川南地区东西向、南北向2条储层对比图。由储层对比图可以看出，纵向上，储层主要发育在$T_3x_6^3$段、$T_3x_6^1$段、T_3x_4段，且T_3x_4段储层厚度大于$T_3x_6^1$段、$T_3x_6^3$段储层，T_3x_2段砂体分布不连续。并对主要储层段的有效孔隙度、有效厚度及储能系数平面分布特征进行预测。

表 5-4 川南各构造主要储集层段有效储层测井预测成果表

构造	层位	平均有效厚度/m	平均孔隙度/%	$H\times\phi$	资料井
大塔场	须六 3	3.8	7.95	0.3	T14
	须六 1	38.0	6.97	2.7	T14、T18、T20
	须四	54.0	7.68	4.15	
	须二	13	7.51	0.98	
	合计	108.8	7.53	8.19	
邓井关	须六 3	8.8	9.2	0.81	Deng45、K24
	须六 1	37.0	7.54	2.8	
	须四	63.8	8.15	5.2	
	须二	6.9	8.27	0.57	
	合计	116.5	8.29	9.66	

续表

构造	层位	平均有效厚度/m	平均孔隙度/%	$H\times\phi$	资料井
观音场	须六 3	5.9	7.48	0.44	Yin12、Yin 23、Yin 25、Yin 28、Yin 32
	须六 1	35.7	7.01	2.5	Yin12、Yin23、Yin24、Yin25、Yin28、Yin29、Yin31、Yin32、Yin33
	须四	33.5	7.58	2.5	Yin12、Yin19、Yin 24、Yin28、Yin29、Yin31、Yin32、Yin33
	须二	6.7	7.12	0.48	
	合计	81.8	7.3	6.0	
孔滩	须六 3	7.3	8.93	0.65	K24
	须六 1	19.8	7.61	1.5	K24、K26
	须四	38.0	8.01	3.1	
	须二	3.5	7.95	0.3	
	合计	68.6	8.13	5.6	
青杠坪	须六 1	35.5	7.7	2.7	Q10、Q13
	须四	52.0	7.8	4.0	
	须二	3.4	8.47	0.29	
	合计	90.9	8.0	7.27	
瓦市	须六 3	5.5	6.63	0.36	Wa6
	须六 1	73.0	8.9	6.5	Wa6、Wa7、Wa8、Wa10
	须四	78.7	8.37	6.59	Wa8、Wa9、Wa10
	须二	5.5	7.4	0.41	Wa8、Wa9
	合计	162.7	7.8	12.69	
兴隆场	须六 1	30.0	7.96	2.4	X24、K24
	须四	38.0	8.3	3.15	
	须二	4.95	8.22	0.41	
	合计	72.95	8.2	5.98	
麻柳场	须六 3	5.0	7.4	0.37	M4、M5、M7、M9、M10、M11、M12、M14、M15
	须六 1	20.0	8.5	1.7	
	须四	15.0	8.0	1.2	
	须二	3.0	10.0	0.3	M4、M11、M13
	合计	43.0	8.5	3.66	

T_3x_2段：川南地区储层有效孔隙度、有效厚度及储层系数平面分布均受沉积相控制影响。在川南地区的主要几个构造中，瓦市构造、麻柳场构造储层有效孔隙度、有效厚度及储能系数分布均成土豆状。其中麻柳场构造主要分布在 M4~M13 井区；瓦市构造主要分布在 Zi19~Gong34 井区。观音场构造、大塔场构造及青杠坪构造有效储层分布较连续，其中 T20 井储能系数达到 0.8（图 5-13~图 5-15）。

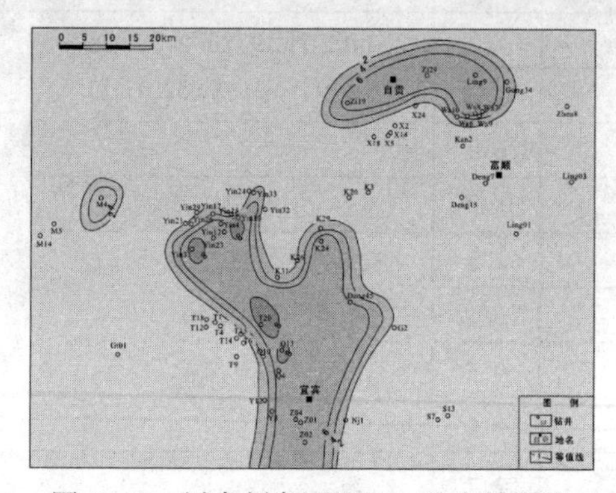

图 5-13　川南须家河组 T_3x_2段有效厚度平面分布图

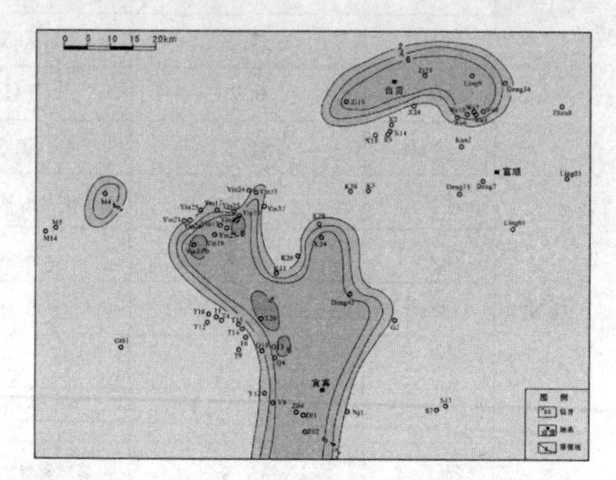

图 5-14　川南须家河组 T_3x_2段有效孔隙度平面分布图

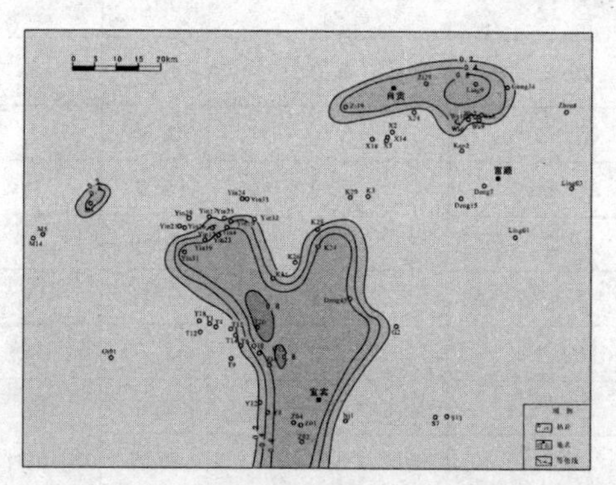

图 5-15　川南须家河组 T_3x_2段储能系数平面分布图

T_3x_4段：该期川南地区储层有效孔隙度、有效厚度及储能系数最为发育，且储层分布与沉积相展布一致，大体呈北西-南东向展布。有效孔隙度最低为 5%，在青杠坪~大塔场构造 T20-T14-Q10 井区附近孔隙度均大于 8%，在观音场构造 Yin32—Yin19 井区孔隙度大于 8%，在麻柳场构造 M4 井区、M14 井区孔隙度均大于 8%；有效厚度最低为 5m，大塔场~青杠坪构造 T18-T20-T14-Q13 井区有效厚度大于 20m，观音场构造 Yin33-Yin12 井区有效厚度大于 25m，麻柳场构造 M4 井区、M16 井区有效厚度均大于 20m；储能系数最低为 0.5，麻柳场构造 M4

井区、M14 井区均大于 2.0，观音场构造 Yin33-Yin12 井区储能系数大于 2.0，大塔场~青杠坪构造 T18-T14-Q13 井区储层系数大于 2.0，且 T18 井达到 3.0（图 5-16~图 5-18）。

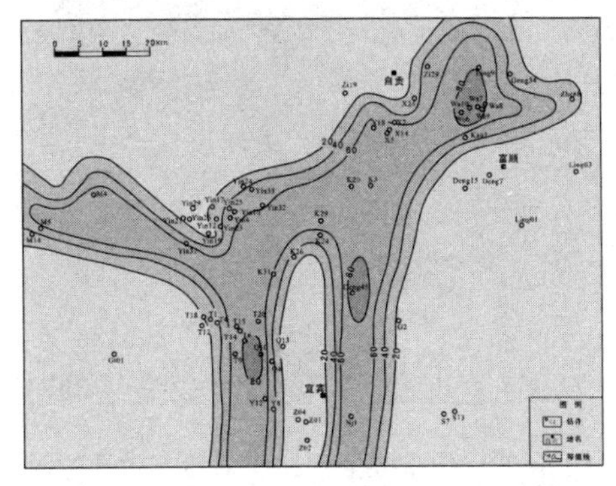

图 5-16 川南须家河组 T_3x_4段有效厚度平面分布图

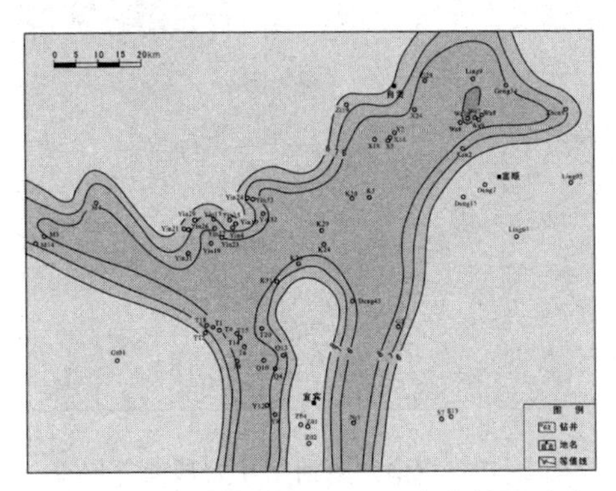

图 5-17 川南须家河组 T_3x_4段有效孔隙度平面分布图

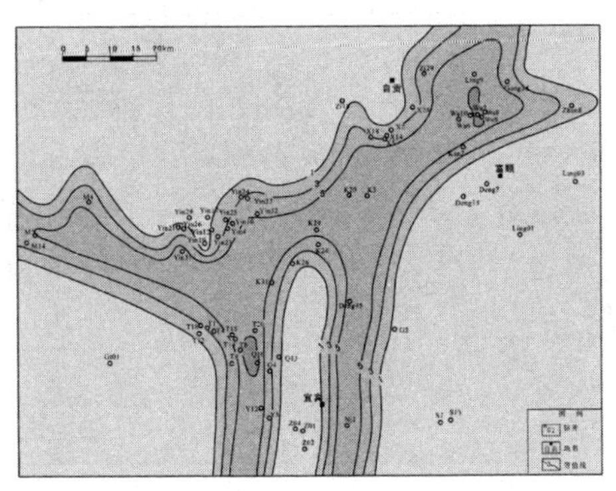

图 5-18 川南须家河组 T_3x_4段储能系数平面分布图

$T_3x_6^1$段：该期川南地区储层有效孔隙度、有效厚度及储层系数分布较 T_3x_4 小，均受沉积相展布的控制。其中，储层有效孔隙度最低为 5%，在大塔场~青杠坪构造 Q10-T14-T20 井区附近储层有效孔隙度均大于 8%，T14 井达到 13%，观音场构造 Yin31-Yin19 井区孔隙度较大，均大于 8%，麻柳场构造 M14 井区储层有效孔隙度均大于 8%；储层有效厚度最低为 5m，大塔场~青杠坪构造 T18-T20 井区有效厚度大于 10m，观音场构造 Yin29-Yin24-Yin33-Yin27-Yin23 井区有效厚度大于 20m，麻柳场构造 M4 井区、M14 井区有效厚度均大于 20m；川南地区储层系数最低为 0.5，麻柳场构造 M14 井区均大于 2.0，观音场构造 Yin27-Yin23 井区储能系数大于 2.0，大塔场~青杠坪构造储层系数相对较小，T20 井最大，仅为 1.1（图 5-19~图 5-21）。

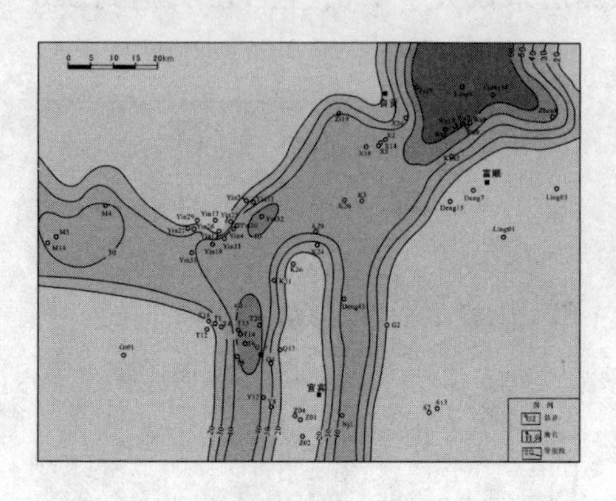

图 5-19　川南须家河组 $T_3x_6^1$段有效厚度平面分布图

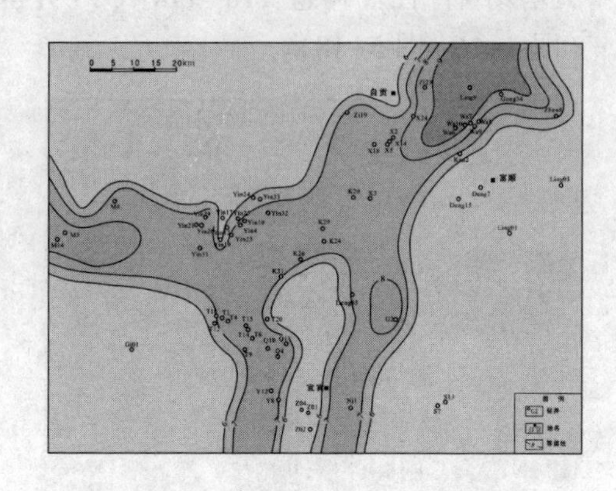

图 5-20　川南须家河组 $T_3x_6^1$段有效孔隙度平面分布图

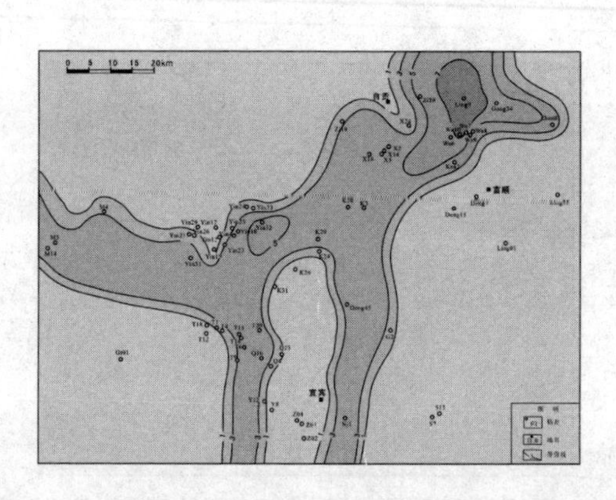

图 5-21　川南须家河组 $T_3x_6^1$段储能系数平面分布图

$T_3x_6^3$段：该期川南地区储层有效孔隙度、有效厚度及储层系数分布较 $T_3x_6^1$小。其中，川南地区储层有效孔隙度最低为 5%，观音场构造 Yin29-Yin27 井区

有效孔隙度大于 7%，麻柳场构造 M14、M4 井区孔隙度均大于 6%，大塔场构造孔隙度均大于 6%，青杠坪构造储层较致密；川南地区储层有效厚度最低为 2m，观音场构造 Yin29 井区储层有效厚度大于 8m，麻柳场构造 M4 井区、M7 井区、M8 井区储层有效厚度较大，均大于 8m，大塔场构造储层有效厚度不发育；川南地区储层系数最低为 0.2，麻柳场构造 M7 井区、M8 井区储能系数均大于 0.8，观音场构造 Yin29 井区储能系数最大，为 0.65（图 5-22～图 5-24）。

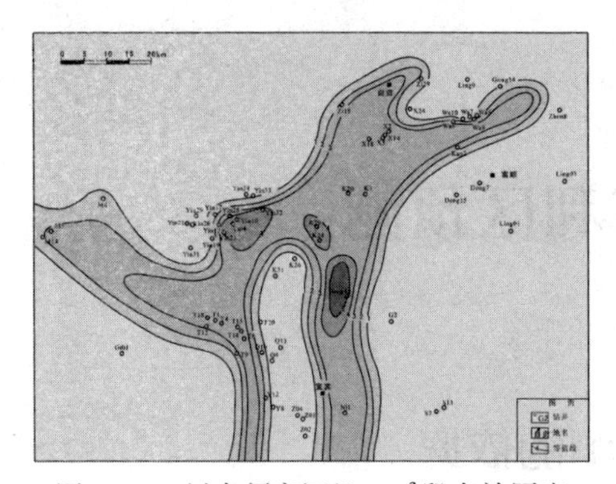

图 5-22　川南须家河组 $T_3x_6^3$段有效厚度平面分布图

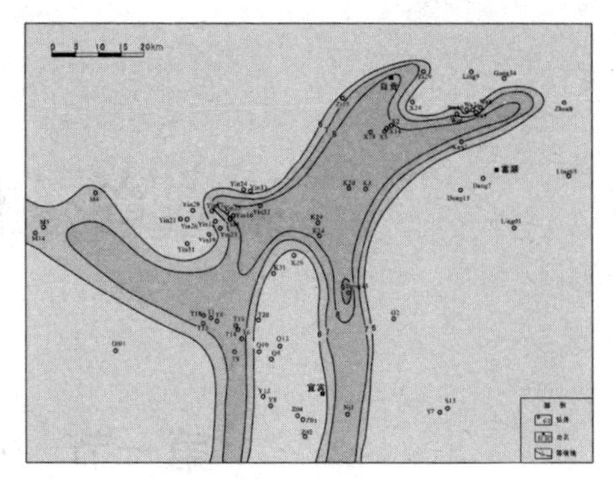

图 5-23　川南须家河组 $T_3x_6^3$ 段有效孔隙度平面分布图

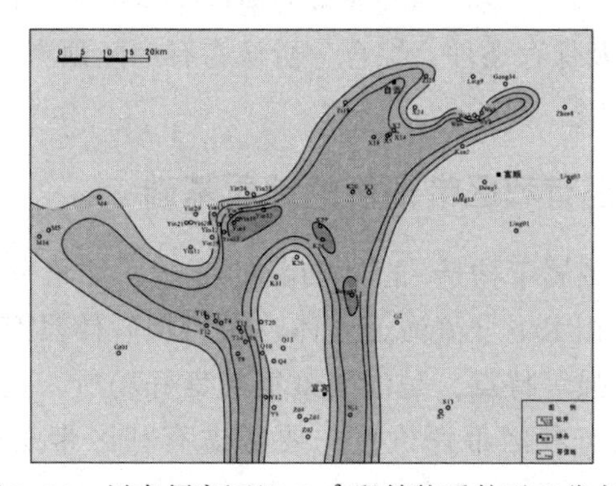

图 5-24　川南须家河组 $T_3x_6^3$ 段储能系数平面分布图

第六章　有利区预测

第一节　预测的依据

本章重点研究内容是川南沉积相特征、储层特征及储层测井预测三个方面。根据研究取得的成果认识，结合油气成藏的诸项基本要素，即生油层、储层、盖层、圈闭、运聚条件及保存条件，综合分析认为有利区预测要综合考虑以下几个原则。

一、沉积相带是有利区带评价的地质基础

川南须家河组油藏属于构造-岩性油藏的范畴，油藏分布受沉积相带控制明显，三角洲前缘亚相水下分流河道砂体、河口坝砂体具有颗粒相对较粗、分选较好、砂体连片性强等特点，是油气聚集的良好场所，也是油藏形成最基本的条件。因此，开展有利区带评价首先要考虑有利区带是否位于有利的沉积相带。

二、油源条件是有利区带评价的重要条件

充足的油源是形成油藏的物质基础。川南地区烃源岩相对贫乏，生烃能力相对较弱，因此必须充分考虑油源条件，找出油源条件相对丰富的有利区。

三、储层条件是有利区带评价的主要因素

所谓油藏，尤其是具有工业性开采价值的油藏，不单是指油藏的储层具有储油的能力，更重要的是油藏的储层在现今技术条件下具有经济开采价值。因此，有利区带评价应结合川南地区储层分类评价标准进行综合分析。

四、有利的圈闭条件

据前人研究成果，川南须家河类型主要为构造圈闭、岩性-构造圈闭，由于砂岩储集体非均质性强，有岩性圈闭分布，而本书未涉及储层地震预测，储层测井预测中，仅有 45 口井有综合测井资料，且井点分布极不均匀，预测成果远不

能满足岩性圈闭分布评价的需要。因此，有利圈闭选择仅根据构造圈闭条件进行选择。

五、盖层、保存条件好

一个构造圈闭内有了好的储层，有了相对丰富的油源，但如果没有良好的盖层条件，或者是盖层遭到破坏，没有油气保存条件，构造圈闭中的油气就会散失。因此，盖层条件及油气保存条件也是有利区选择要考虑的最为重要的因素之一。

六、勘探现状是有利区带评价的重要线索

川南地区勘探程度不平衡，这增加了有利区带评价的风险。因此，在加大区域地质研究的前提下，再结合现有钻探情况(如岩心含油显示、测井解释及压裂试油情况)，最大限度地应用已有的信息作为区带评价的重要线索，达到准确客观评价的目的。

第二节　有利区块预测

在综合分析川南须家河组油气富集规律和成藏控制因素的基础上，以已有的油气显示资料为线索，对川南地区主要含油层位进行有利区块的预测(见图6-1~图6-4)，分述如下。

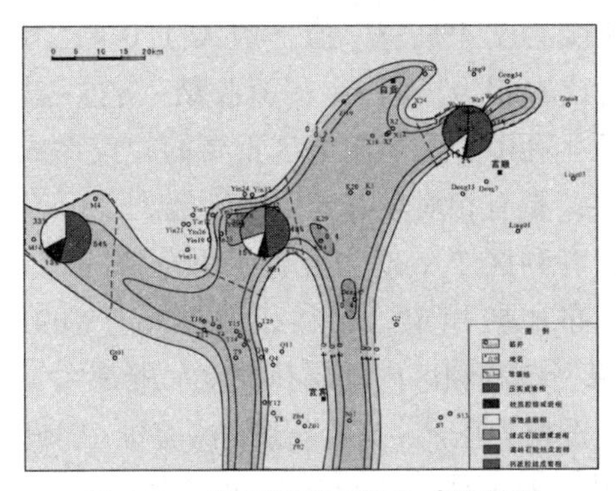

图6-1　川南须家河组$T_3x_6^3$段有利区预测图

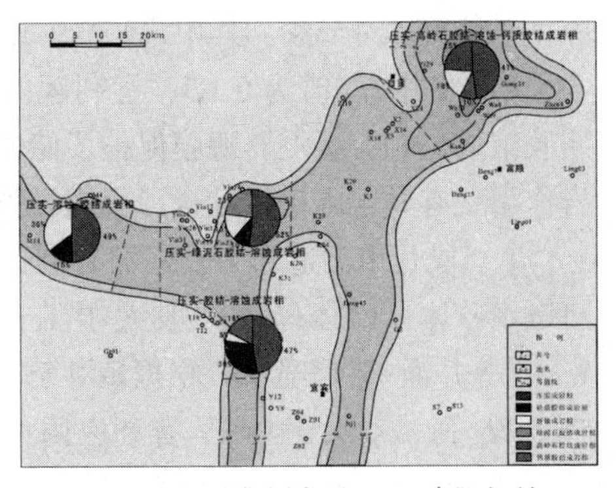

图6-2　川南须家河组$T_3x_6^1$段有利区预测图

一、$T_3x_6^3$段

该期川南地区有利区主要分布在麻柳场、观音场及瓦市构造，其中麻柳场构造$T_3x_6^3$期为叠置水下分流河道-河口坝砂体，砂体厚度一般大于10m，分布比较

稳定。有利区内 M5、M8、M4 井有较好的产能，M9、M11、M17 等井有井涌-气侵显示。根据测井解释成果，该有利区内储层孔隙度一般都大于 5%，其中，M12 井孔隙度达到 9.0%；H_{ϕ} 值一般大于 0.1，其中，M7 井 H_{ϕ} 值为 1.18；有利区内主要成岩相为压实-溶蚀-硅质胶结相，溶蚀作用为储层提供了次生孔隙。有利区内储层综合评价为Ⅲ类储层，具有相对较好的储集性能。

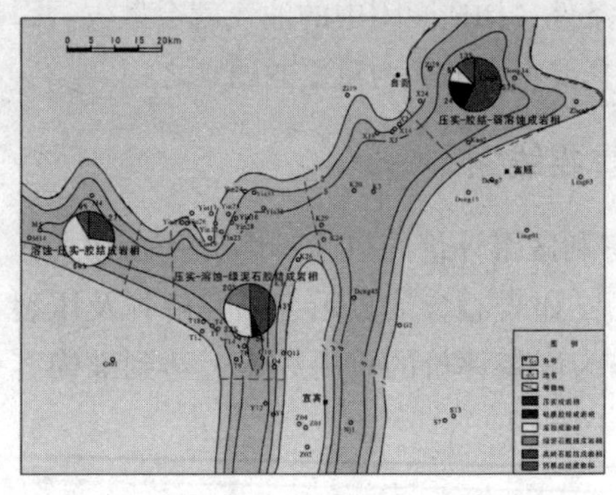

图 6-3　川南须家河组 T_3x_4段有利区预测图

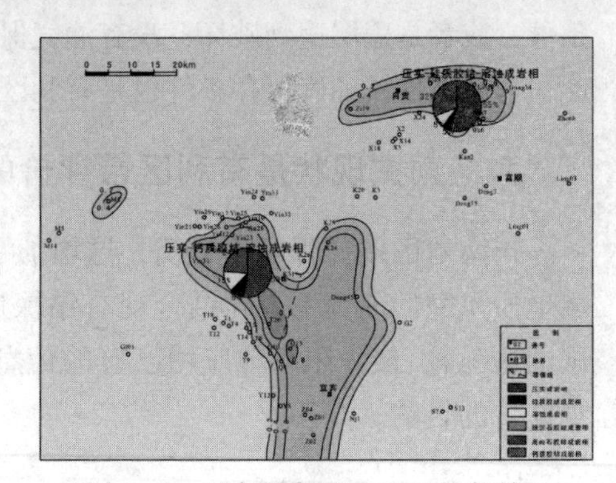

图 6-4　川南须家河组 T_3x_2段有利区预测图

$T_3x_6^3$段观音场构造亦为较好的有利区，该有利区 $T_3x_6^3$期为叠置水下分流河道-河口坝砂体，砂体厚度一般大于 20m，分布比较稳定。有利区内 Yin13、Yin14、Yin17、Yin22 等井涌-气侵显示。根据测井解释成果，该有利区内储层孔隙度一般都大于 5%，其中，Yin29 井孔隙度为 7.4%；H_{ϕ} 值一般大于 0.1，其中，Yin29 井 H_{ϕ} 值为 0.65；有利区内主要成岩相为压实-绿泥石胶结-溶蚀-硅质胶结成岩相，绿泥石薄膜保护了储层的原生孔隙，为川南地区重要的建设性成岩作用。有利区内储层综合评价为Ⅲ类储层，具有相对较好的储集性能。

$T_3x_6^3$段瓦市构造亦为较好的有利区，该有利区 $T_3x_6^3$期为叠置水下分流河道-河口坝砂体，砂体厚度一般大于 15m，分布比较稳定。有利区内 Wa6、Wa9、Wa10 等井涌-气侵显示。根据测井解释成果，该有利区内储层孔隙度一般都大于 5%，H_{ϕ} 值一般大于 0.1。有利区内主要成岩相为压实-高岭石胶结-溶蚀-弱硅质胶结成岩相，高岭石胶结物提供了晶间孔，溶蚀作用为储层提供了次生孔隙。有利区内储层综合评价为Ⅲ类储层，具有相对较好的储集性能(图 6-1)。

二、$T_3x_6^1$段

该期川南地区有利区主要分布在麻柳场构造及观音场—大塔场构造，其中麻柳场构造有利区 $T_3x_6^1$段为叠置水下分流河道砂体，砂体厚度一般大于 80m，分布比较稳定。有利区内 M2、M7、M14、M16 井有井涌-气侵显示。根据测井解释成果，该有利区内储层孔隙度一般都大于5%，其中，M11井孔隙度为达到12.0%；H_{ϕ}值一般大于0.5，其中，M7井H_{ϕ}值为2.7；有利区内主要成岩相为压实-溶蚀-胶结成岩相，溶蚀作用为储层提供了次生孔隙，是川南地区最重要的建设性成岩作用。有利区内储层综合评价为Ⅱ-Ⅲ类储层，以Ⅲ类为主，具有相对较好的储集性能。

观音场—大塔场构造有利区T_3x6_1段为叠置水下分流河道砂体，砂体厚度一般大于80m，分布比较稳定。有利区内Yin8、Yin12、Yin13、Yin25、Yin27、T20等井有井涌-气侵显示。根据测井解释成果，该有利区内储层孔隙度一般都大于5%，其中，T14井孔隙度为达到13.0%；H_{ϕ}值一般大于0.5，其中，Yin23井H_{ϕ}值为3.3，T20井H_{ϕ}值为1.1，有利区内观音场构造主要成岩相为压实-绿泥石胶结-溶蚀成岩相，绿泥石胶结保护了储层的原生孔隙，溶蚀作用为储层提供了次生孔隙。有利区内储层综合评价为Ⅲ类储层，具有相对较好的储集性能（图6-2）。

三、T_3x_4段

该期川南地区有利区主要分布在麻柳场构造及观音场—大塔场—青杠坪构造，其中麻柳场构造有利区块T_3x_4期为叠置水下分流河道砂体，砂体厚度一般大于80m，分布比较稳定。根据测井解释成果，该有利区内储层孔隙度一般都大于5%，H_{ϕ}值一般大于1.0，有利区内成岩相为溶蚀-压实-胶结相，溶蚀作用为储层提供了次生孔隙，有利区内储层综合评价为Ⅲ类储层，具有相对较好的储集性能。

观音场—大塔场—青杠坪构造有利区T_3x_4期为叠置水下分流河道-河口坝砂体，砂体厚度一般大于80m，分布比较稳定。有利区内T5、T18、Q1、Yin24、Yin20、Yin16、Yin19等有井涌-气侵等油气显示。根据测井解释成果，该有利区内储层孔隙度都大于5%，其中，Yin19达到9.3%。H_{ϕ}值一般大于0.5，其中，Yin33井H_{ϕ}值为2.2，T18井H_{ϕ}值为3.0，Q13井H_{ϕ}值为2.7，有利区内主要成岩相为压实-溶蚀-绿泥石胶结成岩相，绿泥石胶结保护了储层的原生孔隙，溶蚀作用为储层提供了次生孔隙。有利区内储层综合评价为Ⅱ-Ⅲ类储层，具有较好的储集性能（图6-3）。

四、T_3x_2段

该期川南地区砂体分布较局限，有利区主要分布在瓦市构造、观音场—大塔场—青杠坪构造，其中瓦市构造有利区块T_3x_2段为浅湖砂坝沉积，砂体厚度一般大于10m。根据测井解释成果，该有利区内储层孔隙度一般都大于5%，H_{ϕ}值一般大于0.2，有利区内成岩相为压实-硅质胶结-溶蚀相，溶蚀作用为储层提供了次生孔隙。有利区内储层综合评价为Ⅲ类储层，具有相对较好的储集性能。

观音场—大塔场—青杠坪构造有利区 T_3x_2段为三角洲前缘沉积，砂体厚度一般大于10m，分布比较稳定。根据测井解释成果，该有利区内储层孔隙度一般都大于5%，H_ϕ 值一般大于0.2，其中，Q13井 H_ϕ 值为1.3，T18井 H_ϕ 值为0.55，有利区内储层综合评价为Ⅲ类储层，具有相对较好的储集性能(图6-4)。

参 考 文 献

[1] 白贵林. 应用灰色系统理论预测磨溪气田香四储层物性[J]. 天然气工业, 1991, 11(3): 22-26.

[2] 包书景, 何生. 泌阳凹陷地质流体对砂岩储集层中黏土矿物形成和分布的控制作用[J]. 地质科技情报, 2005, 24(2): 51-56.

[3] 陈立平, 邹绍春, 张河清, 等. 川中遂南气田上三迭统香二香四储层初步研究[J]. 天然气工业, 1981, 1(4): 11-20.

[4] 陈纯芳, 赵澄林, 李会军. 板桥和歧北凹陷沙河街组深层碎屑岩储层物性特征及其影响因素[J]. 石油大学学报(自然科学版), 2002, 26(1): 4-7.

[5] 邓康龄, 等. 四川盆地上三叠统沉积岩相与油气分布关系研究报告[R]. 地质矿产部第一石油普查勘探指挥部地质综合研究大队, 内部报告, 1982.

[6] 邓康龄. 四川盆地形成演化与油气勘探领域[J]. 天然气工业, 1992, 12(3): 7-12.

[7] 顿铁军. 储层研究状况与发展趋势向[J]. 西北地质, 1995, 16(2): 1-15.

[8] 窦伟坦, 田景春, 徐小蓉, 等. 陇东地区延长组长 6-长 8 油层组成岩相研究[J]. 成都理工大学学报(自然科学版), 2005, 32(2): 129-132.

[9] 龚再升, 李思田, 谢泰俊, 等. 南海北部大陆边缘盆地分析与油气聚集[M]. 北京: 科学出版社, 1997.

[10] 高勇, 张连雪. 板桥—北大港地区深层碎屑岩储集层特征及影响因素研究[J]. 石油勘探与开发, 2001, 28(2): 36-39.

[11] 高红灿. 四川盆地上三叠统须家河组层序-岩相古地理及砂体分布研究. 博士学位论文, 成都: 成都理工大学沉积地质研究院, 2007.

[12] 侯方浩, 蒋裕强, 方少仙, 等. 四川盆地上三叠统香溪组二段和四段砂岩沉积模式[J]. 石油学报, 2005, 26(2): 30-37.

[13] 谯汉生, 方朝亮, 牛嘉玉, 等. 中国东部深层石油地质[M]. 北京: 石油工业出版社, 2002.

[14] 姜在兴. 沉积学[M]. 北京: 石油工业出版社, 2003.

[15] 康玉柱. 中国塔里木盆地石油地质特征及资源评价[M]. 北京: 地质出版社, 1996.

[16] 何鲤. 四川盆地上三叠统地震地层划分与对比方案[J]. 石油与天然气地质, 1989, 10(4): 439-446.

[17] 黄思静, 侯中健. 地下孔隙度和渗透率在空间和时间上的变化及影响因素[J]. 沉积学报, 2001, 19(2): 224-230.

[18] 郝芳, 邹华耀, 倪建华, 等. 沉积盆地超压系统演化与深层油气成藏条件[J]. 地球科学——中国地质大学学报, 2002, 27(5): 610-615.

[19] 黄思静, 谢连文, 张萌, 等. 中国三叠系陆相砂岩中自生绿泥石的形成机制及其与储层孔隙保存的关系[J]. 成都理工大学学报(自然科学版), 2004, 31(3): 273-280.

[20] 胡海燕. 油气充注对成岩作用的影响[J]. 海相油气地质, 2004, 9(1-2): 85-90.

[21] 刘宝珺, 曾允孚. 岩相古地理基础和工作方法[M]. 北京: 地质出版社, 1985.

[22] 刘宝珺, 张锦泉. 沉积成岩作用[M]. 北京: 科学出版社 . 1992.

[23] 林西生, 应凤祥, 郑乃萱. X 射线衍射分析技术及其地质应用[M]. 北京: 石油工业出

版社，1992.
[24] 刘树根，童崇光，罗志立，等. 川西晚三叠系前陆盆地的形成与演化[J]. 天然气工业，1995，15(2)：11-14.
[25] 李勇. 论龙门山前陆盆地与龙门山造山带的耦合关系[J]. 矿物岩石地球化学通报，1998，17(2)：77-81.
[26] 刘林玉，陈刚，柳益群，等. 碎屑岩储集层溶蚀型次生孔隙发育的影响因素分析[J]. 沉积学报，1998，16(2)：97-101.
[27] 李勇，孙爱珍. 龙门山造山带构造地层学研究[J]. 地层学杂志，2000，24(3)：201-206.
[28] 刘立，于均民，孙晓明，等. 热对流成岩作用的基本特征与研究意义[M]. 地球科学进展，2000，15(5)：583-585.
[29] 李会军，程文艳，张文才，等. 深层异常温压条件下碎屑岩成岩作用特征初探——以板桥凹陷下第三系深层碎屑岩地层为例[J]. 石油勘探与开发，2001，28(6)：28-31.
[30] 罗志立，刘树根，雍自权，等. 中国陆内俯冲(C-俯冲)观的形成和发展[J]. 新疆石油地质，2003，24(1)：1-7.
[31] 李耀华，师晓蓉，杨西南. 川中~川西地区上三叠统储集条件研究[J]. 天然气勘探与开发，2003，26(3)：1-6.
[32] 吕正祥. 川西孝泉构造上三叠统超致密储层演化特征[J]. 成都理工大学学报(自然科学版)，2005，32(1)：22-26.
[33] 钱峥，赵澄林，刘孟慧. 济阳坳陷深层天然气致密砂岩储集空间成因[J]. 石油大学学报(自然科学版)，1994，18(6)：21-25.
[34] 裘怿楠，薛叔浩，应凤祥. 中国陆相油气储集层[M]. 北京：石油工业出版社，1997.
[35] 龚再升，李思田，谢泰俊，等. 南海北部大陆边缘盆地分析与油气聚集[M]. 北京：科学出版社，1997.
[36] 邱隆伟，姜在兴. 陆源碎屑岩的碱性成岩作用[M]. 北京：地质出版社，2006.
[37] 四川盆地陆相中生代地层古生物编写组. 四川盆地陆相中生代地层古生物[M]. 成都：四川人民出版社，1984.
[38] 四川油气区石油地质志编写组. 中国石油地质志，四川卷[M]. 北京：石油工业出版社，1990.
[39] 四川省地质矿产局. 四川省区域地质志[M]. 北京：地质出版社，1991.
[40] 史基安，王琪. 影响碎屑岩天然气储层物性的主要控制因素[J]. 沉积学报，1995，13(2)：128-138.
[41] 孙永传，李忠，李惠生，等. 中国东部含油气断陷盆地的成岩作用[M]. 北京：科学出版社，1996.
[42] 史宏才，朱江庆，王诗中，等. 高温下矿物-水反应的研究[J]. 石油学报，1998，19(2)：73-80.
[43] 寿建峰，朱国华. 砂岩储层孔隙保存的定量预测研究[J]. 地质科学，1998，32(2)：224-249.
[44] 沈昭国，等. 川中北部通江地区上三叠统香溪组、下侏罗统凉高山组及中侏罗统沙溪庙组含油气性评价研究[R]. 西南石油学院，内部报告，2003.
[45] 沈昭国，等. 川中~川南过渡带嘉陵江、雷口坡、香溪组含油气条件研究[R]. 西南石

油学院，内部报告，2003.
[46] 司马立强，等. 蜀南—川中过渡带南部地区上三叠统香溪群测井储层评价研究[R]. 西南石油学院，内部报告，2004.
[47] 尚建林，王勇，王正允. 夏9井区克下组成岩相及其对油水分布的控制作用[J]. 石油天然气学报(江汉石油学院学报)，2007，29(5)：23-27.
[48] 童崇光. 四川盆地构造演化与油气聚集[M]. 北京：地质出版社，1992.
[49] 童晓光，梁狄刚，贾承造. 塔里木盆地石油地质研究新进展[M]. 北京：科学出版社，1996.
[50] 田克勤，于志海，冯明，等. 渤海湾盆地下第三系深层油气地质与勘探[M]. 北京：石油工业出版社，2000.
[51] 田景春，陈高武，窦伟坦. 湖泊三角洲前缘砂体成因组合形式和分布规律——以鄂尔多斯盆地姬塬白豹地区三叠系延长组为例[J]. 成都理工大学学报(自然科学版)，2004，31(6)：636-640.
[52] 天地期货网. PTA的原料源头——石油的进出口情况[EB/OL]. (2006-12-14)http：//www.td885.com/ReadNews.asp? NewSID=48540.
[53] 沃尔特·施密特. 砂岩成岩过程中的次生储集孔隙[M]. 北京：石油工业出版社，1982.
[54] 吴元燕，陈碧钰. 油矿地质学[M]. 北京：石油工业出版社，1996.
[55] 王世谦，罗启后，伍大茂. 四川盆地中西部上三叠统煤系地层烃源岩的有机岩石学特征[J]. 矿物岩石，1997，17(1)：64-71.
[56] 王洪辉，陆正元. 四川盆地中西部上三叠统砂岩非构造裂缝储层[J]. 石油与天然气地质，1998，19(1)：37-43.
[57] 汪泽成，等. 四川盆地构造层序与天然气勘探[M]. 北京：地质出版社，2002.
[58] 魏钦廉，肖玲，李康悌. 常规测井识别致密地层含气性[J]. 特种油气藏，2007，14(4)：22-25.
[59] 王允诚. 油气储层地质学[M]. 北京：地质出版社，2008.
[60] 西北大学地质系. 碎屑岩的成岩作用[M]. 西安：西北大学出版社，1986.
[61] 肖玲，田景春，魏钦廉，等. 鄂尔多斯盆地油坊庄油田长2油层组储层宏观非均质性研究[J]. 沉积与特提斯地质，2006，26(2)：59-63.
[62] 肖玲，田景春，魏钦廉，等. 鄂尔多斯盆地油坊庄地区长2油藏主控因素及有利区预测[J]. 西安石油大学学报(自然科学版)，2007，22(4)：5-8.
[63] 肖玲，田景春，魏钦廉，等. 桥口地区沙三段3—4亚段次生孔隙研究[J]. 地质找矿论丛，2007，22(4)：299-302.
[64] 肖玲，田景春，魏钦廉，等. 鄂尔多斯盆地吴旗地区长6储层孔隙结构特征[J]. 新疆地质，2007，25(1)：100-104.
[65] 丁次乾. 矿场地球物理[M]. 北京：石油大学出版社，1992.
[66] 杨绪充，等. 含油气区地下温压环境[M]. 东营：石油大学出版社，1993.
[67] 于兴河，李剑峰. 油气储层研究所面临的挑战与新动向[J]. 地学前缘，1995，2(3~4)：213-219.
[68] 于兴河. 碎屑岩系油气储层沉积学[M]. 北京：地质出版社，2000.
[69] 杨晓宁，陈洪德，寿建峰，等. 碎屑岩次生孔隙形成机制[J]. 大庆石油学院学报，

2004，28(1)：4-6.
[70] 应凤祥，罗平，何东博，等. 中国含油气盆地碎屑岩储集层成岩作用与成岩数值模拟[M]. 北京：石油工业出版社，2004.
[71] 杨仁超. 储层地质学研究新进展[J]. 特种油气藏，2006，13(4)：1-5.
[72] 袁旭军，叶晓端，鲍为，等. 低渗透油田开发的难点和主要对策[J]. 钻采工艺，2006，29(4)：31-33.
[73] 朱国华. 陕北浊沸石次生孔隙砂体的形成与油气关系[J]. 石油学报，1985，6(1)：1-8.
[74] 曾允孚，等. 沉积岩石学[M]. 北京：地质出版社，1986.
[75] 赵澄林，刘孟彗，纪友亮. 东濮凹陷下第三系碎屑岩沉积体系与成岩作用[M]. 北京：石油工业出版社，1992.
[76] 朱国华. 碎屑岩储集层孔隙的形成、演化和预测[J]. 沉积学报，1992，10(3)：114-123.
[77] 赵澄林，等. 储层沉积学[M]. 北京：石油工业出版社，1998.
[78] 张金亮，王宝清. 四川盆地中西部上三叠统沉积相[J]. 西安石油学院学报(自然科学版)，2000，15(2)：1-6.
[79] 《中国地层典》编委会. 中国地层典(三叠系)[M]. 北京：地质出版社，2000.
[80] 朱晓惠，等. 川南地区上三叠统勘探潜力评价及目标选择[R]. 蜀南气矿，内部报告，2001.
[81] 曾伟，黄继详，等. 蜀南地区上三叠统须家河组沉积相和储层研究[R]. 西南石油学院，内部报告，2003.
[82] 郑荣才，等. 米仓山-大巴山前陆盆地上三叠统须家河组-侏罗系沉积相及储层研究[R]. 成都：中国石油西南油气田分公司，内部报告，2003.
[83] 钟大康，朱筱敏，周新源，等. 塔里木盆地中部泥盆系东河砂岩成岩作用与储集性能控制因素[J]. 古地理学报，2003，5(3)：378-390.
[84] 周东升，刘光祥，叶军，等. 深部砂岩异常孔隙的保存机制研究[J]. 石油实验地质，2004，26(1)：40-46.
[85] 张健，李国辉，谢继容，等. 四川盆地上三叠统划分对比研究[J]. 天然气工业，2006，26(1)：12-15.
[86] 郑荣才，耿威，周刚，等. 鄂尔多斯盆地白豹地区长6砂岩成岩作用与成岩相研究[J]. 岩性油气藏，2007，19(2)：1-8.
[87] Bjorlykke K. Formation of Secondary Porosity：How Important Is It? [C]//McDonald D A. Surdam R C. Clastic Diagenesis，AAPG Memoir 37，1984：277-286.
[88] Bloch S. Secondary Porosity in Sandstones：Significance，Origin，Relationship to Subaerial Unconformities，and Effect on Predrill Reservoir Quality Prediction[M]//Wilson M D ed. Reservoir Quality Assessment and Prediction in Clastic Rocks，Tulsa：SEPM Short Course 30，1994，136-159.
[89] Bloch S，Lander R H and Bonnell L. Anomalously High Porosity and Permeability in Deeply Buried Sandstone Reservoirs：Origin and Predictability[J]. AAPG Bulletin，2002，86(2)：301-328.
[90] Bjorlykke K，Mo A，Palm E. Modelling of Thermal Convection in Sedimentary Basins and Its

Relevance to Diagenetic Reactions [J]. Marine and Petroleum Geology. 1988, 5(4): 338-351.

[91] Dixon S A, Summers D M, Surdam R C. Diagenesis and Preservation of Porosity in Norphlet Formation(Upper Jurassic), Southern Alabama[J]. AAPG Bulletin, 1989, 73: 707-728.

[92] Dutton S P. Diagenesis and Porosity Distribution in Deltaic Sandstone , Strawn Series (Pennsylvanian), north - central Texas: Gulf Coast[J]. Association of Geological Societies Transactions. 1977, 27: 272-277 .

[93] Ehrenberg S N. Preservation of Anomalously High Porosity in Deeply Buried Sandstones Bygrain-coating Chlorite: Examples from the Norwegian Continental Shelf [J]. AAPG Bulletin. 1993, 77(7): 1260-1286.

[94] D 'Agostino A. Petrography, Reservoir Qualities , and Depositional Setting of the Howellsand , Deep Upper Wilcox, East Seven Sisters Field, Dural County, Texas: Gulf Coast Section [J]. Society for Sedimentary Geology Foundation Fourth Annual Research Conference Proceedings. 1985, 243-262.

[95] Ghaith A, Chen W, Ortoleva P. Oscillato Rymethane Release from Shale Source Rock[J]. Earth Science Reviews, 1990, 29(1~4): 241~248.

[96] Hao F, Sun Y C, Li S T, et al. Overpressure Re-tardation of Organic-matter Maturation and Petroleum Generation: Acasestudy from the Yinggehai and Qiongdongnan Basins, SouthChina Sea[J]. AAPG Bulletin. 1995, 79(4): 551-562.

[97] Hurst A. , Nadeau H P. Clay Microporosity in Reservoir Sandstones: an Application of Quantitative Electron Microscopy in Petrophy Sical Evaluation[J]. AAPG Bulletin, 1995, 79(4): 563-573.

[98] Hoeiland S. , Barth T, Blokhus A M, et al. The Effect of Crude Oil Acid Fractions on Wettability as Studied by Interfacial Tension and Contact Angles[J]. Journal of Petroleum Science and Engineering. 2001, 30(2): 91-103.

[99] Hancock N J. Possible Causes of Rotliegend Sandstone Diagenesis in Northern West Germany [J]. Journalof the Geological Society of London, 1978, 135: 35-40.

[100] Heald M T, Anderegg R C. Differential Cementation in the Tuscarora Sandstone[J]. Journal of Sedimentary Petrology, 1960, 30: 568-577.

[101] Heald M T, Larese R E. Influence of Coatings on Quartz Cementation[J]. Journal of SedimentaryPetrology, 1974, 44: 1269-1274.

[102] Houseknecht D W, Hathon L A. Relationships among Thermal Maturity, Sandstone Diagenesis, and Reservoir Quality in Pennsylvanian Strata of the Arkomabasin[J]. AAPG Bulletin, 1987, 71: 568-569.

[103] Lander R H. , Walderhang O. Reservoir Quality Prediction Through Simulation of Sandstone Compaction and Quartz Cementation[J]. AAPG Bulletin. 1999, 83: 433-449.

[104] Marchand A M E, Smalley P C, Haszeldine R S, et al. Note on the Importance of Hydrocarbon Fill for Reservoir Quality Prediction in Sandstones[J]. AAPG Bulletin, 2002, 86(9): 1561-1571.

[105] Osborne M J, Swarbrick R E. Diagenesis in North Sea HPHT Clastic Reservoirs—Consequences for Porosity and Overpressure Prediction[J]. Marine and Petroleum Geology, 1999,

16(4): 337-353.
[106] Pittman E D, Lumsden D N. Relationship between Chlorite Coatings on Quartz Grains and Porosity, Spiro Sand, Oklahoma [J]. Journal of Sedimentary Petrology, 1968, 38: 668-670.
[107] Roberts S J, Nunn J A. Episodic Fluid Expulsion from Geop Ressured Sediments [J]. Marine and Petroleum Geology. 1995, 12(2): 195-204.
[108] Schmidt V, McDonald D A. The Role of Secondary Porosity in the Course of Sandstone Diagenesis[M]. //SEMP Special Publication 26, 1979: 175-207
[109] Thomson A. Preservation of Porosity in the Deep Woodbine /Tuscaloosa Trend, Louisiana: Gulf Coast[J]. Association of Geological Societies Transactions. 1979, 30: 396-403.
[110] Tillman R W, Almon W R. Diagenesis of the Frontier Formation Offshore Bar Sandstones, Spearhead Ranchfield, Wyoming[J]. SEPM Special Publication, 1979, 26: 337-378.
[111] Worden R H, Burley S D. Sandstone Diagenesis: the Evolution of Sand to Stone[M]. Burley S D, Worden R H. Sandstone Diagene-sis: Recent and Ancient International Association of Sedimentolo-gists, Reprint Series, 2003, (4): 3-44.
[112] Houseknecht D W. Assessing the relative importance of compaction processes and cementation to reduction of porosity in sandstones[J]. AAPG Bulletin, 1987, 71(6): 633-642.
[113] Wilkinson M D, Darby R S, Haszeldine, et al. Secondary Porosity Generation During Deep Burial Associated with Overpressure Leak-off: Fulmar Formation, United Kingdom Central Graben[J]. AAPG Bulletin, 1997, 81(5): 803-813.
[114] Whelam J K, Kennicutt II M C, Brooks J M, et al. Organic Geochemical Indications of Dynamic Fluid Flow Process in Petroleum Basins [J]. Organic Geochemistry, 1994, 22 (3-5): 587- 615.